체험농장과 체험프로그램, 어떻게 준비하고 운영할 것인가

-체험농장과 교육농장 그리고 치유농장의 준비와 프로그램 운영매뉴얼-

저자 김남돈
㈜교육농장발전소

도서출판
곰단지

Contents

체험농장과 체험프로그램, 어떻게 준비하고 운영할 것인가
- 체험농장과 교육농장 그리고 치유농장의 준비와 프로그램 운영매뉴얼 -

들어가기

등장인물 소개

체험농장 초보농부

아열대과수(레몬, 비파, 올리브 등)를 재배하며, 체험농장을 준비하고 있는 초보농부

척척박사

체험농장, 교육농장, 치유농장 운영을 기초부터 심화까지 도와주는 척척박사

선배님, 안녕하세요. 지역농산물축제 참여로 매우 바쁘셨죠? 저도 잠깐 보러 갔었는데, 사람들이 많이 왔더군요. 제가 내년부터 체험농장이나 교육농장을 준비해 체험프로그램을 운영해 보려고 하는데, 무엇을 준비하고, 어떻게 해야 하는지 잘 모르겠습니다. 선배님은 체험의 베테랑이시니까, 저한테 좀 가르쳐 주세요.

체험농장이나 교육농장을 하려고 하신다고요? 쉽지 않을 텐데요. 무엇을 재배하고 있으신가요? 주작목이 무엇인가요?

제가 귀농을 해서 도농업개발원에서 아열대과수 재배를 배웠어요. 그래서 아열대과수를 농장에 심어서 키우고 있는데, 아열대과수를 재배하는 것만으로는 여러 가지 한계가 있어서 체험농장이나 교육농장을 해 보려고요.

아열대과수라…… 학생들이나 일반인들에게 아열대과수는 확실히 매력 있는 체험 거리죠. 그렇지만 체험농장이나 교육농장을 준비하고 체험프로그램을 운영하려면 공부하고 준비해야 하는 게 아주 많은데 가능하겠어요? 저도 몇 년 전에 체험농장이나 교육농장 하려고 잘 아는 박사님 만나서 여러 가지를 배웠는데, 정말 힘들었어요. 공부할 거랑, 준비할 게 엄청 많고 날마다 과제를 해야 했죠. 가능하겠어요? 아, 우리 후배는 젊으니까 나보다 더 잘하겠구먼.

네, 선배님. 선배님을 따라 열심히 해 보겠습니다. 젊으니까, 낮에는 아열대과수 돌보고, 밤에 공부하는 주경야독 하겠습니다.

역시 젊은 후배라 자세가 아주 좋아요. 내가 직접 가르쳐 주는 것도 좋지만, 그래도 체험교육농장의 전문가한테 배워 탄탄한 전문성을 갖추는 게 좋으니 내가 체험농장이나 교육농장과 체험프로그램 운영에 관한 모든 것을 배운 척척박사님을 소개해 줄게요. 어때요?

아이고, 감사합니다. 선배님. 선배님도 농사하느라 바쁘실 텐데. 제가 그 척척박사님을 찾아가서 직접 가르쳐 달라고 하겠습니다. 연락처를 알려주시면 당장 전화하고 찾아가겠습니다.

척척박사님에게 전화하면, 후배가 찾아가지 않아도 됩니다. 척척박사님이 농장에 와서 체험농장 및 교육농장과 체험프로그램 운영에 대해 하나부터 열까지를 알려주거든요. 제가 문자로 척척박사님 연락처를 찍어 드릴 테니 전화하세요. 그럼 열심히 배워보세요.

감사합니다, 선배님. 언제 식사 한번 하시죠.

체험농장과 체험프로그램, 어떻게 준비하고 운영할 것인가

'체험농장과 체험프로그램 어떻게 준비하고 운영할 것인가'라는 책은, 처음으로 체험농장이나 교육농장을 준비하는 분부터 이미 체험프로그램을 꾸준하게 운영하고 있는 분까지 다양한 분들을 위한 안내서이자 매뉴얼입니다.

특히 이 책은 체험농장이나 교육농장 나아가 치유농장에서 체험프로그램의 운영과, 워크북을 활용해서 체험프로그램을 운영하는 데에 필요한 기본적인 내용을 정리해 놓고 있습니다. 이 책은, 체험프로그램을 운영하기 위해 무엇을 준비해야 하고, 체험프로그램을 어떻게 운영해야 하는지, 체험프로그램 운영 뒤의 관리 방안까지를 정리해 놓은 안내서이자 매뉴얼입니다.

또 어린이부터 성인, 그리고 가족 고객까지 체험농장이나 교육농장에 온 다양한 고객들을 대상으로 워크북을 활용하여 어떻게 체험프로그램을 운영하면 되는지에 대해 안내하고 있는 책입니다.

그러면 지금부터 척척박사님을 만나서 <체험농장과 체험프로그램 어떻게 준비하고 운영할 것인가>를 읽고 공부할 준비가 되었나요?

네,
또박또박 읽고 공부할 준비가 되었습니다.

1

무엇을
준비해야 하나요?

1 무엇을 준비해야 하나요?

박사님, 저는 아열대과수를 재배하는 초보농부입니다. 아열대과수를 재배하거나 일반적인 농작물을 재배하는 농장이 체험농장이나 교육농장이 되려면 무엇을 준비해야 하나요? 어린이와 청소년들을 대상으로 체험프로그램을 진행하려면 무엇을 준비해야 하나요? 체험교육농장을 잘 운영하는 선배님의 말에 의하면 준비해야 할 게 아주 많다고 하던데요.

네, 체험프로그램을 처음 시작하는 농장에서는 준비해야 할게 아주 많습니다. 그렇지만, 결국 체험농장이나 교육농장을 지속해서 운영하는 데 필요한 사항이라서 언젠가는 모두 준비해야 할 것들이죠.

그렇지만, 체험농장이나 교육농장을 갖추어서 체험프로그램을 운영하려는 저 같은 사람들에게는 준비해야 할 사항이 너무 많으면 아주 힘들 것 같네요. 아열대과수 농사짓기도 바쁘거든요.

네, 알겠습니다. 꼭 필요한 사항만을 중심으로 해서 안내해 드리겠습니다. 크게 여섯 가지를 준비해야 합니다.

여섯 가지밖에 안 되나요? 너무 다행이네요.

체험프로그램을 운영하는 데 필요한 여러 가지를 큰 묶음으로 묶어보면 크게 여섯 가지 사항을 준비하면 됩니다.

첫째, 재배하고 있는 농작물의 특성을 잘 이해해야 합니다.
둘째, 체험서비스를 갖추어야 하고, 특히 사업자등록증(간이과세자 또는 일반과세자 등)을 내야 합니다.
셋째, 체험프로그램의 대상이 될 다양한 고객의 특성을 파악해야 합니다.
넷째, 체험환경을 조성하고, 체험프로그램을 운영할 인프라를 준비해야 합니다.
다섯째, 체험농장이나 교육농장에서 운영할 체험프로그램을 개발하고 갖추어야 합니다.
여섯째, 마지막으로 체험프로그램 운영에서의 안전사고에 대비해서 배상책임보험에 가입하고 안전수칙을 개발해야 합니다.

박사님이 말씀하신 여섯 가지가 모두 만만치 않아 보이네요.
빨리 하나씩 자세하고 구체적으로 설명해 주세요.

네 그러면 첫째부터 여섯째까지 하나씩 쉽게 이해할 수 있도록 설명해 드리겠습니다. 집중해서 들어주세요.

체험농장과 체험프로그램, 어떻게 준비하고 운영할 것인가

1.1 농작물의 특성 이해

체험농장이나 교육농장을 운영하고, 체험프로그램을 진행하려면 가장 먼저 해야 할 일은 농작물의 특성을 정확하게 이해하고 있어야 합니다. 사과 농장에서 체험프로그램을 운영하려면 사과의 특성을 정확하게 이해해야 하고, 딸기 재배 농장에서 체험프로그램을 잘 운영하려면 딸기의 특성을 정확하게 이해해야 하는 것과 같습니다.

네, 그렇죠. 그런데 농작물의 특성을 정확하게 이해해야 한다는 게 무슨 말씀이죠? 재배하고 있는 농작물 잘 키우고 농사를 잘하면 되는 것 아닌가요?

말씀하신 것처럼 재배하고 있는 농작물을 잘 키우고 농사를 잘하는 것은 기본입니다. 농작물 재배의 전문성 위에 하나 더 추가되는 것이 필요합니다. 왜냐하면 특정 농작물을 재배하고 있는 체험농장이나 교육농장을 방문하는 어린이와 청소년들이 초보농부 선생님에게 다양한 질문을 하면 어떻게 대답하시겠습니다.

아, 그렇군요. 제가 잘 아는 선배님도 현장체험학습을 온 어린이와 청소년들이 생각지도 못한 질문을 해서 아주 곤란한 적이 종종 있었다고 했습니다.

현재 재배하고 있는 농작물의 특성, 효능과 성분, 종류와 분류, 한살이, 성장조건, 쓰임 등을 식물과학적으로 인문학적으로 정확하게 알아야 합니다.

농작물 재배에 대해 잘 공부하고, 농작물을 잘 키우기 위해 노력하는 농부라면 전부 다 아는 것들 아닌가요?

재배와 농사의 관점에서 농작물의 특성, 효능과 성분, 종류와 분류, 한살이, 성장조건, 쓰임을 정확하게 알고 설명하는 것이 아니라, 학생들이나 일반인들이 잘 이해할 수 있는 식물과학적인 또는 인문학적인 관점에서 정확하게 알고 설명할 수 있어야 합니다.

예를 들어 사과의 모양, 색깔, 향기, 맛 등에 대해 학생들이나 일반인들의 관점에서 정확하게 알고 학생들이나 일반인들이 이해할 수 있게 설명할 수 있어야 사과의 특성을 식물과학적으로나 인문학적으로 이해하는 것입니다. 사과 농부들이 재배의 관점에서 잘 알고 있는 특성과는 매우 다르죠?

그렇군요. 저희 농부들은 과수의 특성이라면 농작물이 '물을 좋아한다'거나, '일조량이 많아야 한다'거나, '밑거름을 많이 주면 안 된다'라는 재배의 관점에서 나타나는 특성에 집중하죠.

사과나 딸기의 모양은 그냥 보면 알고, 색깔도 눈으로 보면 알고, 향기도 맡아보면 알고, 맛도 먹어보면 아는 것이라 특별히 주목하지 않았거든요.

네, 농부 즉 농업인들의 관점에서 농작물의 일반적인 특성인 '모양, 색깔, 향기, 맛' 등은 당연하게 받아들이는 농작물의 특성이지만, 체험객들은 달라요. 실물을 처음 보는 체험객이 많거든요. 예를 들어 올리브나무를 처음 보거나, 레몬나무에서 노란 레몬열매를 처음 따 보거나, 노랗게 익은 비파열매를 처음 보는 체험객들이 많거든요.

비파나무에 노랗게 잘 익은 비파열매를 보고도 저 과일이 뭐냐고 묻는 체험객들도 많죠. 또 올리브나무가 바로 앞에 있는데도, 몰라서 어디에 올리브나무가 있냐고 되묻는 체험객도 있고요. 레몬열매를 보고 깜짝 놀라는 체험객들도 많이 있습니다.

레몬, 비파, 올리브

아, 맞아요. 박사님. 학생들은 물론이고 인솔해 온 선생님들도 올리브나무, 비파나무, 레몬나무를 잘 모르더군요. 그래서 제가 일일이 설명해 준 경우가 많았습니다.

'효능과 성분'도 체험프로그램을 체계적으로 운영하기 위해서는 아열대과수 농부가 필수적으로 알아야 하는 사항입니다. 그냥 비파 먹으면 뭐에 좋다 이렇게들 이야기하시는데, 정확한 성분이 무엇이고 그러므로 어떤 기능성이 있다고 체험객들에게 정확하게 설명해 줘야 합니다.

고추농장에 고추 수확 체험을 온 한 학생이 고추 농부에게 '할아버지, 고추는 왜 매운가요?'라고 물었는데, 고추 농부가 학생들에게 '그럼 고추가 맵지, 다냐?'라고 답을 해서 학생들과 선생님들이 실망한 경우가 있었습니다. 고추가 가지고 있는 '캡사이신' 성분이 매운맛을 낸다고 학생들에게 정확하게 설명해 주어야 합니다.

아열대과수도 '그냥 비타민이 많아서 몸에 좋아요'라고 체험객들에게 말하지 말고, '비타민 A, B, C, D, E' 중에서 어떤 비타민 성분이 많아서 피로 회복에 좋은지를 정확하게 설명해 줄 수 있어야 높은 만족도의 체험프로그램을 정기적으로 운영할 수 있습니다.

아열대과수의 '종류와 분류'에 대해서도 정확한 식물과학적 지식을 갖추어야 합니다. 사과 농장에 사과 따기 체험하러 온 초등학교 고학년 학생이 사과 농부에게 '사과는 무슨 과인가요?'라고 물었는데, 사과 농부가 무슨 말인지 몰라서 '사과는 사과과지'라고 답을 해서 역시 실망감을 준 경우가 있었습니다. 학생들은 식물과 동물의 분류체계를 배우기 때문에 사과가 장미과 식물이라는 사실을 정확하게 알려줄 수 있어야 합니다.

올리브는 올리브나무과 혹은 물푸레나무과이고, 레몬은 운향과이고, 비파는 장미과라는 분류체계를 정확하게 알고 있어야 합니다.

또 아열대과수도 종류가 있다는 것도 잘 알고 있어야 합니다. 농업인들은 품종으로만 기억하는데, 일반 식물과학적인 분류를 잘 알고 있어야 합니다.

'한살이'에 대해서도 식물과학적으로 정확하게 알고 있어야 합니다. 아열대과수의 '한살이'라고 하면, 농부들은 무슨 나무에 '한살이'가 있냐고 반문하는데, 아열대과수도 꽃이 피고, 잎이 자라고, 수정되고, 열매가 맺고, 열매가 익고, 마지막으로 열매가 떨어지거나 새가 따 먹는 '한살이'가 있습니다.

여러해살이 식물인 아열대과수의 성장과정 중에서 해마다 반복되는 꽃에서 열매까지의 과정이 '한살이'에 해당하는 겁니다.

레몬열매 한살이

'성장조건'도 재배에 필요한 조건 외에 일반 식물과학적인 조건을 정확하게 알고 있어야 합니다. 모든 식물이 잘 자라는 데 필요한 '햇빛, 물, 공기, 양분, 온도'라는 5가지 성장조건을 정확하게 알아야 합니다. 농부들은 5가지 성장조건에는 크게 집중하지 않죠. 왜냐하면 농작물이나 아열대과수를 키우는 데 필요한 기본 조건에 해당하기 때문입니다.

시설채소 농장에 체험학습을 온 학생 가운데 한 명이 채소농부에게 '채소를 키우는 데 왜 햇빛이 필요한가요?'라고 물었는데, 채소농부는 채소가 잘 자라려면 햇빛이 필요하다는 원론적인 답변만 해서 학생들과 선생님에게 실망을 안겨드린 경우도 있습니다. 학생들은 식물의 잎이 햇빛을 받아서 광합성을 하고, 광합성을 통해 필요한 양분을 스스로 얻는다는 사실을 과학 시간에 배우고 있습니다.

체험프로그램 운영을 위한 사전 준비 1계명:

- 농작물의 특성을 정확하게 이해하라!
- 농작물의 식물과학적 특성과 일반적 특성을 정확하게 이해하라!
- 농작물을 재배하는 농업인의 관점이 아니라, 일반인의 관점에서 농작물을 이해하고 접근하라!
- 농작물의 '특성, 효능과 성분, 종류와 분류, 한살이, 성장조건, 원산지, 쓰임' 등에 대해 정확하게 학습하고 이해하라!

1.2 체험 서비스와 사업자등록증

척척박사님, 체험농장이나 교육농장을 하려면 그냥 하면 안 되고 새로운 사업자를 내야 한다던데, 맞는가요?

네, 맞습니다. 체험농장이나 교육농장에서 체험프로그램을 운영하기 위해서는 새로운 사업자등록증을 개설해야 합니다. 왜냐하면 체험프로그램 운영은 농업 분야가 아니기 때문입니다.

내가 농사짓는 농작물로 체험객 대상으로 체험프로그램을 운영하는 것이 농사가 아니라고요?

네, 농업이 아니고, 서비스입니다. 사업자등록증을 보시면 '업태'라고 나오는데, '업태'는 사업자가 운영하고자 하는 사업의 종류입니다. '도매, 소매'와 같은 것들이 '업태', 즉 사업의 종류입니다. '농업, 수산업, 광업, 임업'도 1차산업의 종류에 해당하기 때문에 '업태'에 해당합니다.
부가가치세법에 따르면 새로운 사업을 시행할 때 반드시 '업태와 종목'을 사업자등록증에 추가하거나, 새로운 사업자등록증을 만들어야 한다고 명시되어 있습니다.

아이고 어렵네요. '업태와 종목'이라. 우리 농장의 사업자등록증은 '농업과 농산물 판매' 이렇게 되어 있는데, 이게 바로 '업태와 종목'이었군요.

네, 맞습니다. 대부분 농장은 '농업 - 농산물 판매' 또는 '농업 - 농산물 판매, 제조가공' 등으로 사업자등록증에 표기되어 있습니다.

체험프로그램을 운영하는 것은 농작물을 직접 심고 가꾸는 행위가 아니기 때문에 농업이 아니라 '서비스'에 해당합니다. 체험프로그램 운영의 '업태'는 '서비스'입니다. 그리고 구체적인 종목은 '체험, 농촌체험, 농산물체험, 교육체험' 등이 되는 것입니다.

그래서 체험농장이나 교육농장에서 학생들이나 다양한 체험객들을 대상으로 체험프로그램을 운영하기 위해서는 '서비스-체험'이라는 '업태-종목'으로 표기된 사업자등록증은 반드시 갖추어야 합니다. 요즘에 농업인들이 관심을 가지고 있는 치유농장도 '서비스-치유체험'과 같은 '업태-종목'으로 표기된 사업자등록증을 갖추어야 합니다.

그럼 척척박사님, 체험농장이나 교육농장에서 체험프로그램 운영은 면세가 아니겠네요. 저희가 가지고 있는 사업자등록증의 농산물 판매는 면세라서 세금을 내지 않거든요.

네, 맞습니다. 체험프로그램 운영은 '농업'이 아니라, '서비스'이기 때문에 면세가 아닌 과세사업자가 됩니다. 그러니까 세금을 낸다는 것이죠. 대표적인 것이 부가가치세입니다. 또 체험프로그램의 매출이 일정 수준이 넘으면 부가세, 소득세를 내야 합니다. 그렇지만 너무 걱정하지 않으셔도 됩니다. 부가세는 체험비를 책정할 때 10%를 처음부터 포함하면 됩니다. 고객들도 부가세가 포함된다는 것을 알고 있거든요.

체험농장과 체험프로그램, 어떻게 준비하고 운영할 것인가

만약 1인당 체험비가 18,000원이면, 부가세를 포함해서 20,000원으로 책정하시고, 체험객들에게 체험비가 부가세 포함 1인당 20,000원이라고 공지하시면 됩니다.

또 소득세는 체험 서비스 운영으로 올린 매출이 일정 수준을 넘어가야만 부과되는 것이어서 처음에는 걱정하지 않으셔도 됩니다. 사업자등록증을 새로 개설하고 매출이 8천만 원을 넘어서면 10%의 부가세와 소득세가 발생합니다. 초보농부 선생님도, 체험 매출이 많아서 오히려 부가세와 소득세 내고 싶지 않으신가요?

누가 그걸 원하지 않겠습니까? 저도 체험으로 8천만 원 벌어서 부가세와 소득세라는 것을 한번 내 보고 싶어요.

다들 체험 매출이 8천만원이 되기를 바랄 겁니다. 다만 체험농장이나 교육농장을 처음 시작하는 경우 체험 운영이 많지 않다면 사업자등록증을 개설할 때, '일반과세자'가 아니라 '간이과세자'로 발급하면 됩니다. 다만 '간이과세자'는 전자세금계산서를 발행할 수 없고, 전자계산서를 발행할 수 있습니다. 단체나 학교, 공공기관에서는 세금계산서 발급을 요청할 경우가 많아서 일반과세자로 사업자등록증을 개설하는 것이 편리할 수도 있습니다.

제가 체험비에서 10%는 부가세라고 말씀드렸는데, 이 점을 잊지 말고 기억해야 합니다. 그러니까, 체험비를 받고 난 뒤에 부가세는 별도로 적립을 해 놓아야 나중에 부가세를 낼 수 있습니다. 학교 학생들을 대상으로 해서 단체 체험프로그램을 운영하고, 전체 체험비로 55만원을 받았다면, 5만원은 부가세이기 때문에 쓰지 마시고, 적립해 놓으셔야 한다는 겁니다. (연매출 4,800만원 미만인 간이과세자는 1.5~4%)

하나 더 단체나 학교 그리고 공공기관에서는 카드 결제를 요구하는 경우도 많습니다. 카드 결제를 대비해서 카드단말기를 구입해서 카드 결제시스템을 구비해 놓으시면 됩니다.

박사님, 카드 결제는 신경 안 쓰셔도 됩니다. 요즘 농업인들이 대부분 카드단말기를 가지고 있습니다. 농산물 판매할 때도 카드 결제하는 고객들이 많거든요. 현금 가지고 다니는 사람들이 거의 없어요. 전부 카드로 결제하죠.

체험프로그램 운영을 위한 사전 준비 2계명:

- 체험프로그램 운영은 농업이 아니라 서비스업이다!
- 서비스 사업자등록증을 갖추어라!
  (업태는 '서비스', 종목은 '체험'인 사업자등록증)
- 카드 결제 시스템을 구비하라!
- 부가가치세에 대비하라!

특정한 농작물을 재배하는 체험농장이나 교육농장에서 체험프로그램을 정기적으로 즉 꾸준하게 운영하려면 세 번째로 준비해야 할 점은, 다양한 고객의 특성을 파악해야 한다는 점입니다. 또 다양한 고객들이 있다는 점도 알아야 합니다.

다양한 고객이라뇨? 보통 체험하러 학생들만 오는 것이 아닌가요?

다양한 목적과 연령의 고객이 체험농장이나 교육농장에 방문합니다. 특히 치유농장일 경우에는 노년층 고객이나 노인복지센터의 고객들이 오는 경우가 많습니다. 물론 현재까지 체험프로그램에 참여하는 제일 많은 고객은 학생들입니다.
체험농장이나 교육농장 그리고 치유농장을 방문하는 고객들의 유형은 크게 셋으로 나누어집니다. '개인, 가족, 단체'로 나눌 수 있습니다.

'개인'은 커플이나, 친구 혹은 여행객 등과 같이 소수의 인원으로 체험농장이나 교육농장 그리고 치유농장을 방문해서 체험프로그램에 참여하는 고객들입니다. 대부분의 체험농장이나 교육농장 그리고 치유농장들은 개인고객에 대해서는 체험프로그램진행 진행할 때 인원수에 대한 기준을 설정하는 경우가 많습니다. 즉, '개인고객의 숫자가 10명이 되었을 경우 정해진 체험프로그램을 진행한다' 등과 같이 농장 상황에 맞는 기준을 세우고 있습니다. 이러한 기준이 없으면 한두 명의 개인 고객을 상대해야 하고, 한두 명의 고객을 상대로 체험프로그램을 진행하면, 체험프로그램에 소요되는 경비도 충족하지 못하게 됩니다.

개인 고객들은 커플이냐 친구냐, 여행객이냐에 따라 체험프로그램에 참여하는 목적이 조금씩 다르다는 것을 잘 파악하고 있어야 합니다.

다음으로는 가족 단위 고객입니다. 체험농장이나 교육농장에 가족단위 고객들이 체험프로그램에 참여하는 경우가 많습니다. 체험농장이나 교육농장에 가장 많이 방문하는 가족단위 고객은 유치원이나 초등학교 자녀를 둔 가족들입니다. 유치원이나 초등학교 자녀를 둔 가족들은 주말을 이용하여 체험농장이나 교육농장에 와서 체험프로그램에 참여하면서 자녀의 체험 참여 기회를 제공하는 데에 목적을 두고 있습니다.
부모님을 모시고 체험농장이나 교육농장을 방문하는 가족단위 고객들도 최근에 많이 있습니다. 부모님과 특별한 추억이나 기념을 만들기 위해 체험농장이나 교육농장을 찾는 가족단위 고객들이 많다는 점을 파악해야 합니다.

끝으로 단체 고객이 있습니다. 단체 고객은 다시 '성인'과 '어린이와 청소년'으로 구분할 수 있습니다.
성인 단체 고객이 체험농장이나 교육농장을 방문하는 목적은, '견학, 연수, 귀농, 벤치마킹, 휴식, 치유, 친교' 등 다양합니다. 사전에 성인 단체 고객이 방문하는 목적을 정확하게 파악해야 합니다.
또 성인 단체 고객은 '직장, 동아리, 동창회, 종교단체, 부녀회, 노인회, 복지재단, 마을사업 추진위원회, 교육농장협의회, 체험관광협의회, 동기모임, 학부모 모임, 맘카페회원, 팬클럽,

동호회' 등으로 아주 다양합니다. 성인 단체 고객의 다양한 특성을 사전에 정확하게 파악해야 체험프로그램을 운영하는 데에 문제가 발생하지 않고, 성인 단체 고객의 특성에 맞추어서 체험프로그램을 진행할 수 있기 때문입니다.

단체고객이지만, 특별한 성격을 띠고 있는 단체가 있는데 바로 '노인복지센터'나 '장애인 단체'입니다. '장애인 단체'에서는 장애인들을 위한 맞춤형 체험프로그램을 요구합니다. '노인복지센터'에서는 치유와 힐링의 목적으로 치유농장이나 체험농장 그리고 교육농장을 방문하는 경우가 대다수입니다.

체험프로그램 운영을 위한 사전 준비 3계명:

- 고객의 특성을 파악하기 위한 프로세스

1. 사전에 체험프로그램에 참여하는 대표 고객과 충분하게 전화 통화를 해라.
2. 참여 인원과 남녀 비율을 정확하게 파악해라.
3. 체험프로그램에 참여하는 목적을 정확하게 물어서 파악하라.
4. 참여하는 고객의 체험프로그램 사전 경험을 물어서 파악하라.
5. 참여하는 고객이 원하는 서비스를 물어서 파악하라.
6. 참여하는 고객의 성향, 활동성, 분위기 등을 물어서 파악하라.
7. 체험프로그램의 운영시간을 정확하게 파악하라.
8. 체험프로그램 외에 추가 목적이 있는지를 물어서 파악하라. (농산물 구매, 주변 관광지 관광, 점심 등)
9. 학교를 대상으로 체험프로그램을 진행할 경우에는 인솔 교사와 길고 충분하게 통화하라!

1.4 체험환경 조성과 인프라 준비

특정한 농작물을 재배하던 농장이 체험농장이나 교육농장 또는 치유농장이 되어서 체험프로그램을 정기적으로 운영하려면 네 번째로 준비해야 할 사항은, 체험환경을 조성하고 체험프로그램을 운영할 수 있는 인프라를 갖추는 것입니다.

박사님, 체험프로그램을 운영하기 위해 체험환경을 조성하고, 체험프로그램 운영을 위한 인프라를 갖추어야 한다는데, 아주 막연하네요. 어디에서부터 어디까지 준비해야 하는지……

네, 얼핏 생각하면 막연할 수 있습니다. 그렇지만 반대로 체험객의 입장이 되어서 체험농장이나 교육농장 그리고 치유농장을 방문한다고 생각하면 훨씬 더 뚜렷해지죠.
만약 초보농부 선생님이 타 시군의 체험농장이나 교육농장 또는 치유농장에 가서 체험프로그램을 경험한다고 가정하면, 어떤 시설과 환경이 필요한지 이해되실 겁니다.

그러네요. 차를 가지고 갔으니, 주차장이 있어야 하고요. 화장실도 필요하네요. 또 실내에서 체험할 수 있는 시설도 필요하고, 차나 커피 한잔 마실 수 있는 멋진 팜 카페 시설도 있으면 좋겠군요. 숙박하지는 않으니까, 숙박시설은 필요가 없겠고, 대신 실내체험장이 쾌적해야 하겠군요. 여름에 에어컨이 없는 체험장에 갔다가 너무 더워서 힘들었거든요.

말씀하신 내용을 들어보니, 체험프로그램을 운영하는 데에 필요한 시설과 인프라를 이미 상당히 알고 계시네요.

체험농장이나 교육농장 그리고 치유농장에서 체험프로그램을 정기적으로 운영하려면 지금 말씀하신 시설과 인프라를 갖추어야 하죠. 다만 필수적으로 갖추어야 하는 시설과, 필수는 아니지만 갖추면 더 좋은 서비스를 받는 느낌을 주는 시설과 인프라가 있습니다.

필수적으로 갖추어야 하는 시설과 인프라를 먼저 설명해 주시죠.

네, 체험농장이나 교육농장 그리고 치유농장에서 체험프로그램을 정기적으로 운영하기 위해 필수적으로 갖추어야 하는 시설과 인프라는 크게 셋입니다.

'실내체험장, 실외체험장, 화장실'이 바로 그것입니다.

첫째, 체험농장이나 교육농장 그리고 치유농장을 방문한 고객들이 비가 오거나, 날씨가 춥거나, 실내에서 쾌적하게 체험프로그램을 진행해야 하는 경우를 위해 실내체험장이 조성되어야 합니다. 대부분의 체험농장이나 교육농장 그리고 치유농장들은 실내체험장, 혹은 실내교육장을 갖추고 있습니다. 농촌교육농장은 실내교육장을, 치유농장은 실내치유체험장을 조성하죠.

둘째, 실제로 체험프로그램을 수행하는 농업공간 즉 실외체험장이 조성되어야 합니다. 딸기 따기를 하기 위해서는 체험용 딸기 재배하우스가 있어야 하고, 사과 수확체험을 하려면 체험용 사과과수원이 있어야 하고, 레몬 수확체험을 하려면 체험용 레몬 재배하우스가 있어야 하는데, 바로 이러한 공간이 실외

체험장입니다. 치유농장일 경우는 힐링정원이나 치유텃밭을 실외체험장으로 조성하는 경우도 많습니다.

실외체험장은 보통 재배하우스, 과수원, 밭, 논, 사육시설, 가공시설 등을 활용하는 경우가 많습니다.

셋째, 화장실이 체험프로그램 운영을 위해 필요합니다. 체험프로그램에 참여한 고객들이 화장실을 이용해야 하는 경우가 발생하기 때문입니다. 화장실은 남녀가 구분된 화장실을 갖추는 것이 가장 좋습니다. 한국에서는 아직 남녀 공용 화장실이 익숙하지 않거든요.

체험환경 조성
(실내체험장, 실외체험장, 화장실)

실내체험장, 실외체험장, 화장실을 갖추어야 하는군요. 체험 프로그램을 하려면 갖추어야 할 게 3가지나 있네요. 돈이 많이 들겠어요. 체험해서 돈을 벌려고 하는데, 벌기도 전에 먼저 돈을 써야 하네요.

돈을 벌려면, 먼저 돈을 벌기 위한 투자를 해야 합니다. 예를 들어 식당을 창업한다고 생각해 보세요. 당연히 식사할 수 있는 장소를 임대하거나, 본인이 직접 식당건물을 신축해야 합니다. 화장실도 마찬가지죠. 식당 영업을 하기 위해 필수적으로 갖추어야 합니다.

요즘 젊은이들에게 인기가 많은 카페 창업도 마찬가지입니다. 카페를 창업하기 위한 사전 투자금이 필요합니다. 체험농장이나 교육농장 그리고 치유농장도 마찬가지입니다. 다만 식당이나 카페와 달리 사전 투자금을 최대한 줄일 수 있습니다.

체험프로그램을 운영하기 위해 필수적으로 갖추어야 하는 실내체험장, 실외체험장, 그리고 화장실을 어느 정도의 규격과 기준으로 갖추어야 하는지 조금 더 자세하게 설명해 주세요.

먼저, 실내체험장부터 설명 드리겠습니다. 체험프로그램을 운영하려면 원칙적으로 건축물 용도가 근린생활시설인 실내체험장을 갖추어야 합니다. 왜냐하면 체험프로그램 운영 즉 체험서비스는 농업이 아니라 '서비스' 분야에 해당되기 때문입니다.

규모는 체험객들을 어느 정도 수용하느냐에 따라 달라집니다. 25명 내외의 단체 체험객까지 수용해서 체험프로그램을 진행하기 위해서는 25평 정도의 근린생활시설 용도의 실내체험장이 조성되어야 합니다.

25명 내외의 단체 고객들을 대상으로 체험프로그램을 진행하기 위해서는 당연히 남녀가 구분된 화장실이 갖추어져야 합니다. 즉 남자 1실, 여자 1실의 화장실이 있어야 하죠.

실외체험장은 대부분의 체험교육농장이 충족요건을 갖추었을 겁니다. 25명이 단체로 체험하기 위한 실외 농업활동 공간이니까, 50평 내외면 됩니다. 대부분 300평 이상의 농지나 농업 관련 시설을 가지고 있으므로 실외체험장의 규모는 모두 충족됩니다.

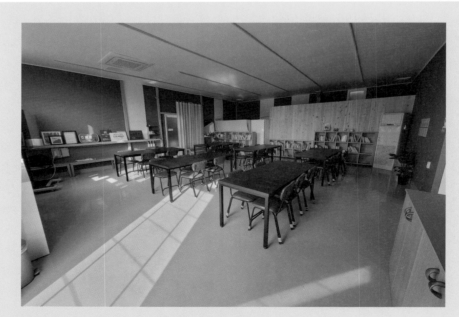

실내체험장(제주, 초록꿈)

체험농장과 체험프로그램, 어떻게 준비하고 운영할 것인가

다만 25명 내외의 고객들이 체험하기 위해서는 농업활동공간에서 동선과 활동 장소가 확보되어야 합니다. 즉 2명의 고객이 부딪히지 않고 다닐 수 있는 체험동선이 조성되어야 합니다. 또 학생들일 경우에는 농장에서 여러 가지 체험학습활동을 하기 위한 공간도 필요합니다. 농업용으로 조성된 공간 가운데 일부는 체험용으로 재조성되어야 합니다. 예를 들어 딸기농장의 경우를 예로 들면, 딸기 재배하우스 가운데 한 동은 처음부터 체험용으로 조성해서 고설식 재배시설의 폭을 넓게 해서 여유 있는 동선을 확보하고, 딸기재배하우스 안에 야외용 탁자를 비치해서 학생들의 체험활동용으로 사용하게끔 만들 수 있다.

　　치유농장의 실외체험장은 방문하는 고객의 특성에 따라서 휠체어 보행이 가능하게 동선을 조성하거나, 노년층 고객의 특성을 고려하여 허리를 구부리지 않고 편안하게 체험할 수 있는 높임화단을 조성해야 합니다.

체험프로그램 운영을 위한 사전 준비 4계명:

- 체험프로그램을 운영하기 위한 시설과 인프라를 갖춰라!
- 실내체험장, 실외체험장, 화장실을 갖춰라!
- 체험객들의 특성에 맞춘 실내체험장을 조성하라!
- 가능하면 근린생활시설 용도의 실내체험장을 구비하라!
- 동선과 활동공간이 충분하게 조성된 실외체험장을 갖춰라!
- 남녀가 구분되고 청결한 화장실을 갖춰라!

체험프로그램 개발

과수 재배나 일반 농작물을 재배하는 농장이 체험농장이나 교육농장 그리고 치유농장이 되어서 체험프로그램을 정기적으로 운영하려면 다섯 번째로 체험프로그램을 체계적으로 개발해야 합니다. 체험프로그램을 운영하기 위해 체계적인 체험프로그램을 갖추어야 하는 것은 당연한 일이죠.

체계적인 체험프로그램을 개발해서 갖추는 것이 필요하다고요? 그냥 기존에 했던 체험을 하면 되는 것 아닌가요? 아니면 다른 농장들이 하는 체험프로그램 따라서 하면 되지 않나요?

다들 그렇게 체험을 시작하거나, 체험프로그램을 운영하죠. 그렇지만, 학교나 기관 또는 단체를 대상으로 한 달에 2회 이상 꾸준하게 체험프로그램을 운영할 때는 반드시 다양한 체험프로그램을 체계적인 문서 형식으로 개발해서 갖추어 놓아야 합니다.

교육농장의 경우에는 학생들의 현장체험학습을 위해 학교 담임선생님에게 보낼 '교육활동계획안' 양식으로 체험프로그램을 작성해 놓아야 합니다.

치유농장의 경우에는 치유고객이 속한 단체나 기관에 보내기 위해 '치유농업프로그램 계획안'이라는 형식으로 체험프로그램을 작성해 놓아야 합니다.

체험농장일 경우에도 요즘에는 일정한 양식에 체험프로그램을 작성해서 사용합니다.

치유농업프로그램 계획안

체험프로그램의 양식에는 '전체적인 개요, 체험목표, 체험수단, 진행 내용'이 들어가야 합니다. 전체적인 개요에는 '농장명, 진행자, 날짜, 주제, 대상, 인원'에 대한 내용이 작성되어 있어야 합니다. 체험목표는 말 그대로 체험객들이 수행하는 체험의 구체적인 내용입니다. 체험수단에는 '장소, 주진행자와 보조진행자, 시간'이라는 기본적인 정보가 작성되어야 합니다. 진행 내용은 크게 '도입-전개-마무리'로 나누어서 '도입' 부분에서 해야 하는 사항과, '전개' 부분에서 본격적으로 체험프로그램을 진행하는 내용, 그리고 '마무리' 부분에서 모든 체험프로그램 운영을 종결하고 정리하는 내용이 작성되어야 합니다.

아래에 제시된 농촌교육농장에서 사용하는 '교육활동계획안 양식'을 체험농장이나 교육농장에 추천해 드립니다. 치유농장에서는 '치유농업프로그램 계획안'을 추천드립니다.

창의적체험활동 교육활동계획안 예

체험농장과 체험프로그램, 어떻게 준비하고 운영할 것인가

그러니까 꾸준하게 체험프로그램을 운영하려면 체계적인 문서로 체험프로그램을 작성해야 한다는 것이군요. 체험농장이나 교육농장을 운영하는 선배님이 체험프로그램 개발하고 작성하느라 밤마다 노트북 컴퓨터랑 씨름한다는 말이 그 말이군요. 농작물을 키우고 농장을 관리하며 농사짓는 데에 바쁜 농업인들이 체계적인 문서 양식으로 체험프로그램을 개발하고 작성할 수 있을까요?

처음에는 아주 어렵습니다. 그렇지만 전문가로부터 지도나 컨설팅을 받아서 한두 번씩 체험프로그램을 문서 양식으로 개발해 보면 조금씩 쉬워집니다. 그리고 어려운 부분은 체험농장이나 교육농장 그리고 치유농장을 잘 운영하는 선배님들에게 물어보시면 훨씬 쉽게 이해할 수 있습니다.

그러면 박사님, 체험프로그램을 몇 개나 만들어 놓아야 할까요? 체험농장이나 교육농장을 운영하는 선배님이 이번에 품질인증인가를 받는다고 최소 10개는 있어야 하던데요.

아주 좋은 질문입니다. 체험농장이나 교육농장 그리고 치유농장에서 운영하고 싶은 만큼 체험프로그램이 있어야 합니다. 카페를 예로 들어서 설명하면, 아메리카노 메뉴 하나만으로 카페 영업을 할 수 없는 것과 같습니다.

'아메리카노, 카페라떼, 에스프레소, 카푸치노, 모카' 등의 기본 커피 음료와 '주스, 요거트, 허브티, 홍차류' 등과 같은 음료 메뉴를 갖추어야 하는 것과 같습니다. 체험프로그램을 꾸준하게 그리고 많이 운영하시고 싶은 체험농장이나 교육농장 그리고 치유농장은 카페의 다양한 메뉴처럼 다양한 체험프로그램을 개발해서 갖추고 있어야 합니다.

그렇군요. 동네 구멍가게를 해도 비스킷 하나만 팔 수는 없고, 음료와 라면, 빵, 껌, 사탕, 초콜릿, 아이스크림, 초코파이 등 다양한 상품이 있어야 하는 것과 같은 이치네요. 체험교육농장 선배님 말이 맞았네요. 적어도 10개는 있어야 학생들 대상으로 다양한 체험프로그램을 운영할 수 있다고 하던데.

네, 맞습니다. 만약 학생들을 대상으로 체험프로그램을 많이 운영하고 싶다면 최소 10개의 체험프로그램이 있어야 합니다. 초등학교를 예로 들면 1학년 프로그램, 2학년 프로그램, 3학년 프로그램, 4학년 프로그램, 5학년 프로그램, 6학년 체험프로그램이 따로 개발되어 있어야 합니다.

중학교 자유학기제 진로직업체험을 하고 싶다면 중학교 자유학기제 진로직업체험프로그램이 있어야 합니다.

어린이집과 유치원 아동들을 대상으로 체험프로그램을 운영하고 싶으면 어린이집용 체험프로그램, 유치원용 체험프로그램이 개발되어 있어야 하죠.

뿐만 아니라 한 학급의 어린이와 청소년들이 체험교육농장에 여러 번 오는 경우가 있습니다. 그럴 경우를 대비해서 다회차 체험프로그램도 개발되어 있어야 합니다. 봄, 여름, 가을, 겨울용 체험프로그램이 각각 별개로 개발되어야 합니다.

가족 단위 체험프로그램을 운영하고 싶으면, 가족 단위 체험프로그램이 별도로 개발되어 있어야 합니다. 노인복지센터나 노년층 어르신들을 대상으로 치유와 힐링을 위한 체험을 하려면, 노년층 고객용 치유농업프로그램이 개발되어 있어야 합니다. 치매안심센터 고객들을 대상으로 연 12회차로 치유농업프로그램을 운영하고 싶으면, 치유성으로 특화된 12회차 치유농업프로그램을 개발해야 합니다.

이처럼 체험농장이나 교육농장 그리고 치유농장에서 고려하고 있는 고객이 누구인지, 고객의 범위를 어디까지로 정할 것인지에 따라 체험프로그램의 개수가 달라집니다.

다시 정리해서 말씀드리면 고객의 유형이 '개인, 가족, 단체'로 구분되는데, 이 고객 가운데 어느 고객을 체험농장이나 교육농장 그리고 치유농장의 주고객으로 설정할 것인가에 따라 필요한 체험프로그램의 개수가 달라지는 겁니다.

체험프로그램 운영을 위한 사전 준비 5계명:

- 체험프로그램을 개발하라!
- 체험객들에 맞추어서 체험프로그램을 개발하라!
- 다양한 체험프로그램(계절별, 다회차 등)을 개발하라!
- 체험프로그램을 체계적인 문서 양식으로 작성하라!
- 다양하고 체계적으로 작성된 체험프로그램은 - 체험농장, 교육농장, 치유농장의 상품이다!

1.6 배상책임보험과 안전수칙

체험농장이나 교육농장 그리고 치유농장에서 체험프로그램을 운영하다 보면 안전사고가 가끔 발생한다고 하던데요. 안전사고 발생이 무서워서 체험이나 교육농장을 못 하겠다는 농업인들도 많이 있습니다. 저도 막연하게 두렵습니다. 우리 농장에서 안전사고가 발생한다는 생각만 해도 겁이 나거든요.

네, 맞습니다. 체험농장이나 교육농장 그리고 치유농장에서 체험프로그램을 운영하려면 반드시 안전사고에 대비해야 합니다. 단 한 번의 치명적인 안전사고 발생은 체험농장이나 교육농장 그리고 치유농장의 존립을 위태롭게 만들거든요.

그럼, 어떻게 안전사고 발생에 대비해야 하나요? 체험농장이나 교육농장을 운영하는 선배님은 해마다 보험에 가입한다고 하던데요.

네, 맞습니다. 체험프로그램 운영 시 발생하는 안전사고에 대비하기 위해 배상책임보험에 가입해야 합니다. 배상책임보험은 보험회사에서 모두 취급하고 있습니다. 농장에서 발생하는 다양한 안전사고에 대한 보험으로써, 일 년마다 갱신해야 하고, 대상 인원이 정해져 있습니다.

체험농장이나 교육농장 그리고 치유농장을 처음 시작하는 농업인이시면, 1년 1,000명을 기준으로 하여 사망 시 1억 원

체험농장과 체험프로그램, 어떻게 준비하고 운영할 것인가

가입증명서
INSURANCE CERTIFICATE

영업배상책임보험 예

정도로 배상책임보험에 가입하시면 됩니다. 이 정도 조건이면 보험료가 그렇게 비싸지는 않습니다. 그래도 불안하시면 특약을 추가하시면 됩니다.

보통 가정에서 많이 가입하는 화재보험하고는 성격이 다릅니다. 자동차보험이 자동차 운행 시 발생하는 사고에 대비하는 것처럼 배상책임보험은 농장 안에서 발생하는 다양한 사고에 대비하는 보험입니다. 체험프로그램을 운영하지 않고 직판만 할 때도 배상책임보험에 가입해 놓으면 좋습니다. 농산물을 구매하러 온 가족 가운데 꼬마가 농장에서 넘어져서 다치면 농장에서 치료비를 부담해야 하거든요.

네, 맞아요. 그래서 체험농장이나 교육농장을 운영하는 선배님이 앞으로 체험농장이나 교육농장을 운영하려면 배상책임보험 가입해야 한다고 강조했어요. 보험료도 1년에 백만 원 이하이기 때문에 그렇게 비싸지 않다고도 했고요.

그런데, 배상책임보험에 가입하면, 체험농장이나 교육농장 그리고 치유농장에서 발생하는 안전사고에 100퍼센트 대비하는 게 맞나요?

아닙니다. 배상책임보험은 농장에서 체험프로그램을 운영하거나, 농장을 방문한 고객의 안전사고에 대해 치료비 등을 부담해 주는 역할을 하는 보험일 뿐입니다. 가장 중요한 점은, 안전사고가 나지 않도록 미리 예방해야 하는 겁니다. 사전 예방이 가장 중요하죠.

요즘 아이들이 통제가 잘 안되던데, 그게 가능할까요? 부모님 말도, 선생님 말도 잘 안 듣는 아이들이 많던데요. 방송에 나오는 아이들이나 청소년들은 모두 제멋대로던데요.

바로 그래서 농장에 온 어린이와 청소년 나아가 부모님과 어른들까지 지켜야 할 안전수칙을 만들어야 합니다. 공원이나 관광지에 가면 안전수칙 안내문 부착된 것 보셨죠? 바로 그러한 안전수칙 안내문을 개발해서 농장에도 부착해 놓아야 합니다.

부착만 해서는 안 되고, 체험프로그램을 본격적으로 시작하기 직전에 안전수칙 안내문을 체험객들이 큰 소리로 따라 읽게 하고, 체험농장이나 교육농장 그리고 치유농장의 농업인이 안전수칙 안내문과 농장에서의 위험 요소를 정확하게 설명해 주어야 합니다. 체험객들이 안전수칙 안내문과 농장에서의 위험 요소를 정확하게 인지하면, 체험활동을 할 때 조심하기 때문에 안전사고 발생을 막을 수 있습니다.

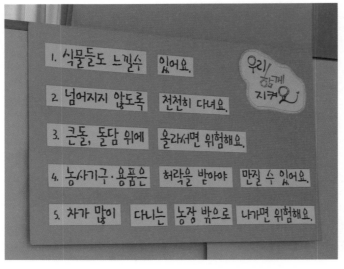

실내체험장 내 부착된 안전수칙 예

체험농장과 체험프로그램, 어떻게 준비하고 운영할 것인가

무엇보다 안전수칙 안내문을 따라 읽게 하고, 위험 요소를 정확하게 설명한 경우, 안전사고가 발생하게 되면 체험농장이나 교육농장 그리고 치유농장의 책임이 법적으로 대폭 줄어들게 된다는 사실을 명심해야 합니다.

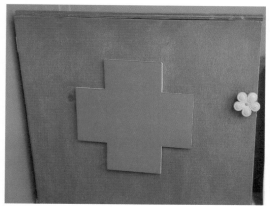 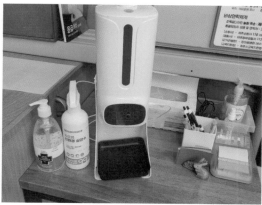 

구급약품 상자, 손소독제, 소화기 구비

체험프로그램 운영을 위한 사전 준비 6계명 :

체험프로그램 운영에서의 안전사고 발생에 대비하라!
- 배상책임보험에 가입해서 안전사고에 대비하라!
- 안전수칙 안내문을 개발해서 농장에 부착하라!
- 안전수칙 안내문을 따라 읽고, 위험 요소를 인지하게 하라!

체험프로그램, 어떻게 운영하면 되나요?

2 체험프로그램, 어떻게 운영하면 되나요?

그러면 척척박사님, 과수나 일반 농작물을 재배하는 농장에서 체험프로그램을 어떻게 운영하면 되나요? 체험객들이 오면 설명하고, 수확하러 가면 되나요?

보통 체험농장에서는 진행을 프레젠테이션으로 활용해서 농장 소개와 작목 소개를 먼저 합니다. 1시간 체험을 하러 오면 30분 정도는 프레젠테이션으로 체험농장과 농업 그리고 오늘 체험할 농작물 재배에 대해 설명을 합니다. 그 다음으로 직접 재배하우스나 과수원으로 가서 농작물을 수확하고, 수확한 농작물을 먹어보거나, 포장해서 가져가는 것으로 진행합니다.

이러한 방식으로는 체험프로그램을 체계적으로 진행할 수 없습니다.

그러면 어떻게 진행해야 하나요? 기존의 설명과 체험 방식으로 체험프로그램을 진행하기가 제일 쉬운데, 다른 방법으로 하면 어렵지 않을까요?

새로운 체험프로그램 진행 방법이 어려울 수 있습니다. 새로운 방법이니까요. 그렇지만 다양한 고객들을 모두 만족시킬 수 있게 체험프로그램을 진행하려면 기존의 설명 중심의 체험프로그램 진행에서 벗어나야 합니다.

척척박사님, 빨리 새로운 체험프로그램 진행 방법을 가르쳐 주세요.

먼저 체험프로그램의 전체 진행 순서를 셋으로 정확하게 구분해서 진행해야 합니다. '도입-전개-마무리' 이렇게 셋으로 구분해서 체험프로그램을 진행하는 것이 체험농장이나 교육농장에서 해야 하는 새로운 체험프로그램 진행 방법입니다. 치유농장도 '도입-전개-정리'라는 세 단계로 구분해서 치유농업프로그램을 진행합니다.

도입은, 체험객들을 맞이하고, 인사를 하고, 농장을 소개하고, 체험프로그램 진행자를 소개하는 등 체험객들에게 꼭 필요한 내용을 안내하고 소개하는 단계입니다. 도입은, 체험프로그램의 시작점이라고 보시면 됩니다.

전개는 본격적으로 체험프로그램을 진행하는 단계입니다. 전개에서는 여러 단계로 체험프로그램을 진행하고, 다양한 접근법을 활용하여 체험의 목적을 달성하게끔 프로그램을 진행하는 단계입니다.

마무리는, 체험프로그램 진행을 모두 끝내고, 모든 것을 완결하면서 맞이한 체험고객을 보내는 단계입니다.

체험농장과 체험프로그램, 어떻게 준비하고 운영할 것인가

2.1 도입 : 시작이 반이다!

'시작이 반이다!'라는 말 들어보셨죠? 첫인상이 가장 중요하다는 말도 있습니다. 그만큼 인상적이면서 잘 준비된 도입은 체험객들에게 감동을 주고, 체험프로그램에 대한 기대감을 높여줍니다. 그래서 도입 부분을 경시하면 안 됩니다. 도입이 훌륭하면, 뒤에 진행되는 체험프로그램에서도 좋은 선입견을 체험객들에게 줄 수 있습니다.

그렇군요. 도입을 대충 하면 안 되네요. 체험프로그램 운영할 때 도입은 그냥 몇 가지 하고 말았거든요.
그러면 도입에서 꼭 해야 하는 내용은 무엇이 있나요? 인상적으로 도입을 진행하려면 어떻게 해야 하나요? 박사님이 좋은 기법과 팁을 가르쳐 주세요.

네, 먼저 도입에서 꼭 해야 할 사항을 말씀드리겠습니다. 체험프로그램 진행의 첫 단계인 도입에서는 '(주차 안내) - 만남과 첫인사 - 농장 소개 - 주진행자와 보조진행자 소개 - (팀 나누기) - 실내체험장 입실과 착석 안내 - (팀 확정하기) - 체험프로그램의 주제와 체험목표 안내 - 화장실 안내 - 물 마시는 곳 안내 - 안전수칙 공지'입니다. 물론 이 가운데 몇 가지는 생략해도 되고, 체험농장이나 교육농장의 성격에 따라서 순서와 단계를 바꾸어도 됩니다.
치유농장에서는 '환영차 마시기, 스트레스지수 및 혈압 사전측정' 등이 추가됩니다.

체험객을 맨 처음 만났을 때, 당연히 가볍게 첫인사를 해야 합니다. "OOO체험농장, OOO교육농장에 오신 걸 환영합니다.", "안녕하세요, 전화로 예약하신 OOO 선생님 가족이시죠? 기다리고 있었습니다.", "친구들 안녕! OOO체험농장, OOO교육농장에 온 걸 환영해!", "낙엽이 다 떨어진 11월에 마지막 손님으로 오신 것을 축하드립니다!" 등과 같은 첫인사를 해야 합니다. 첫인사말을 어떤 내용으로 할 것인지에 대해 보조진행자와 잘 상의해야 하고, 체험객이 누구인지에 따라서 첫인사말이 달라져야 합니다.

첫인사 (고성보리수농장)

체험농장과 체험프로그램, 어떻게 준비하고 운영할 것인가

다음으로 농장 소개입니다. 체험농장이나 교육농장 그리고 치유농장에 대한 핵심적인 정보, 체험객들이 궁금해 하는 내용을 간략하게 소개하는 단계입니다. 농장 소개를 아주 길고 장황하게 하는 경우가 있습니다. '귀농 전에 어떤 사업을 하다가, 귀농해서, 무슨 작물을 재배하다가, 지금은 아열대과수를 재배하고 있고, 시범사업으로 무엇을 하고 있으며, 현재 네이버 쇼핑몰에 어떤 상품을 판매하고 있고, 소비자들의 반응이 아주 좋고, 요즘 제조가공으로 매우 바쁜 상황이다'와 같이 길고 장황하게 농장 소개를 하면, 체험객들은 지루해하고, 처음에 너무 많은 정보를 얻어서 혼란스러워한다는 점을 명심해야 합니다.

농장 소개는, '여러 가지 농작물 중 무엇을 재배하고 있는 농장이다. 언제부터 특정 농작물을 재배하기 시작하였다. 왜 특정 농작물을 재배하고 체험농장 또는 교육농장 및 치유농장을 운영하고 있는가?'를 중심으로 소개하면 되고, 농장 소개의 시간은 3분을 초과하지 않는 게 좋습니다.

체험객이 궁금해하는 농장 소개를 마치고 나면, 다음으로는 체험프로그램을 진행하는 주진행자와 보조진행자를 소개하는 순서입니다. "안녕하세요? 오늘 올리브농장에서 여러분들과 즐겁게 체험프로그램을 진행할 OOO선생님입니다. 오늘은 올리브 선생님이라고 불러주세요.", "안녕하세요? 여러 선생님이 기다리던 체험프로그램의 주진행자 OOO입니다. 오늘은 사과아저씨라고 불러주세요." 등과 같이 주진행자와 보조진행자를 소개하고, 정식으로 인사를 하시면 됩니다. 체험프로그램을 진행하기 위해 처음 만난 사이이기 때문에 이름을 부르는 것보다는 애칭을 정해서, 체험객들이 애칭을 부르게 안내하는 것이 좋습니다. 애칭은 주작목과 관련되는 것으로 정하면 됩니다. '올리브농부, 비파쌤, 레몬닥터, 사과아저씨, 딸기맘' 등과 같은 애칭을 만들어서 체험객들에게 안내하시면 체험객들이 즐겁게 부를 수 있습니다.

팀 나누기는 주로 어린이와 청소년들을 대상으로 하는 체험프로그램에서 하면 좋은 반응을 얻는 순서입니다. 어린이와 청소년 혹은 단체 체험객들을 대상으로 체험프로그램을 체계적으로 운영하기 위해서는 팀을 나누어서 진행하는 것이 효과적입니다. 팀은 4~6명을 한 팀으로 정하면 되고, 팀 인원이 7명 이상이 되면 팀으로서의 유대감이 약해집니다.

실내체험장 입실과 착석 안내는, 체험객들이 체험농장이나 교육농장 그리고 치유농장에 처음 왔기 때문에 실내체험장으로 어떻게 들어가야 하고, 어디에 앉아야 하는지를 잘 모르기 때문에 필요한 안내 순서입니다.

실내체험장으로 들어갈 때 신발을 그대로 신고 들어가는지, 아니면 실내용 슬리퍼를 신고 들어가는지, 들어가서는 어느 탁자에 앉으면 되는지, 외투를 벗어서 놓을 곳이 어디인지 등에 대해 편안하지만 정확하게 안내하는 순서입니다. 체험농장이나 교육농장 그리고 치유농장마다 실내체험장의 구조적 특성이 다르므로 체험객들에게 그러한 특성을 정확하게 안내하면 됩니다.

팀 나누기 (산청 새우연)

체험농장과 체험프로그램, 어떻게 준비하고 운영할 것인가

실내체험장 입실과 착석 안내는, "저희 OOO체험교육농장의 실내체험장은, 신발을 벗어서 신발장에 넣으시고 슬리퍼로 갈아 신고 들어가시면 됩니다. 들어가신 다음에는 아까 팀 나누기에 뽑은 막대에 적힌 글자와 똑같은 글자가 쓰여 있는 탁자에 편하게 앉으시면 됩니다. 혹시 두꺼운 외투를 벗으시고 싶은 분들은 실내체험장 뒤쪽에 사물함이 있습니다. 그곳에 외투를 벗어서 넣어주세요. 그럼 맨 앞쪽 분들부터 실내체험장으로 들어가겠습니다"와 같이 체험객들에게 진행하면 됩니다.

팀 확정하기는, 팀 나누기를 안내한 어린이와 청소년 혹은 단체 체험객들을 대상으로, 앞서 나누어진 팀을 주진행자가 확정해 주는 순서입니다. 간혹 친한 사람끼리 팀을 바꾸게 되면, 팀을 나누어서 진행하는 의미가 사라지게 되므로 주진행자가 팀을 확정해 줄 필요가 있습니다.

체험객들의 이름을 구분하고 부르기 위해서는 명찰을 작성하게 안내해야 합니다. 특히 어린이와 청소년을 대상으로 하거나 성인 단체 체험객들에게 개별적으로 안내를 해야 하는 체험프로그램의 경우는 도입 단계에서 명찰 작성이 필수적입니다. 미리 탁자 위에 명찰과 필기도구를 구분하고, 명찰을 작성해서 목에 걸어 달라는 안내를 하면 됩니다.
치유농장의 경우도 인지능력강화를 위해 자기 이름을 크게 쓰는 활동은 도입 단계에 넣어서 진행할 수 있습니다.

체험프로그램의 주제와 체험목표 안내는 도입 단계에서 가장 중요하고, 가장 집중해야 하는 순서입니다. 체험객들에게 아주 강한 인상을 줄 수 있는 순서이기도 합니다.
보통은 프레젠테이션을 이용하여 '농장의 연혁과 농장 시설 그리고 주작목인 농작물에 대한 소개'에 이어서 오늘 진행할 체험프로그램이 무엇인지를 소개하는 경우가 많습니다.

예를 들면 "올리브농장에서 오늘 올리브잎 수확 체험을 하실 겁니다. 올리브잎을 수확한 다음 올리브잎차를 만드는 체험을 하시고, 저희가 미리 만들어 놓은 올리브잎차를 마셔보는 시간도 갖겠습니다. 피피티에 올리브나무와 올리브잎 수확사진, 올리브잎차 만드는 사진, 올리브잎차 사진이 잘 보이시죠?"와 같이 체험프로그램의 내용을 소개하는 경우가 많습니다. 무난하면서도 일반적인 체험프로그램에 대한 소개입니다. 다만 이렇게 소개할 때에는 체험객들에게 강한 인상을 줄 수 없습니다.

체험객들에게 강한 인상을 주기 위해서는 체험프로그램의 주제와 체험목표를 설정해서 안내하는 것이 좋습니다. '올리브잎차 체험, 올리브잎차 마시기, 올리브잎차 블렌딩 체험, 허브 샐러드 만들기 체험, 비파잼 만들기, 비파잼 체험' 등과 같은 주제는 특정한 체험활동을 주제로 정했을 뿐 전체 체험프로그램이나 체험프로그램의 색깔을 잘 드러내는 주제가 아닙니다. '나를 위한 올리브잎차 블렌딩' 또는 '힐링 레몬브런치', '행복한 비파 피크닉'과 같은 함축적이면서도 특징적인 주제를 정해서 체험객들에게 소개해야 강한 인상을 남길 수 있습니다.

"그동안 자녀를 위해 살아오셨죠? 오늘을 나를 위한 시간입니다. 그래서 오늘의 주제가 나를 위한 올리브잎차 블렌딩입니다. 어떠세요? 기대되시나요?"와 같이 체험프로그램의 주제를 체험객들에게 소개할 수 있어야 합니다.

체험프로그램 주제 소개(산청 새우연)

체험농장과 체험프로그램, 어떻게 준비하고 운영할 것인가

체험프로그램의 주제가 소개되고 나면, 다음으로 핵심적인 체험프로그램의 내용, 즉 오늘 진행할 체험프로그램을 체험객들에게 안내하는 순서입니다. 대부분 체험농장에서는 "오늘 제일 먼저 저랑 같이 올리브정원으로 가서 올리브잎 수확 체험을 하시고요, 다음으로 탱자나무 울타리에 가서 탱자 수확을 하고, 올리브잎차 블렌딩 체험을 하고, 마지막으로 올리브잎차를 마시는 체험을 순서로 진행합니다"와 같이 체험프로그램의 순서를 나열하는 방식으로 체험객들에게 안내합니다. 이러한 순서 나열 방식은 역시 체험객들의 집중과 관심을 끌어내기에 부족합니다.

체험객들의 호기심과 관심을 끌어내기 위해서는 체험프로그램의 주제와 연계된 체험목표를 체험객들에게 안내하는 것이 좋습니다. "나를 위한 올리브잎차 블렌딩을 위해서 무엇을 해야 할까요? 첫째, 농장에서 블렌딩한 올리브잎차 마시면서 특별함을 느껴보기, 둘째 올리브정원에서 올리브잎 우아하게 수확하기, 셋째 탱자 울타리를 구경하고, 잘 익은 탱자 골라서 수확하기, 마지막으로 나를 위한 재료를 선택해서 올리브잎차 블렌딩하기. 이 네 가지가 오늘의 체험목표입니다. 나를 위한 체험목표인데, 어떠세요? 도전해 보시겠습니까?"와 같이 체험목표를 체험객들에게 소개하게 되면, 체험객들로부터 높은 관심과 호기심을 끌어낼 수 있습니다.

체험프로그램의 주제와 체험목표 안내가 끝나면, 그다음은 편의시설인 화장실을 안내하는 순서입니다. 누구나 낯선 장소에서 화장실이 어디에 있는지 궁금해 합니다. 체험교육농장에서 체험프로그램을 진행하다 보면, 화장실을 사용해야 하는데, 주진행자에게 화장실이 어디 있느냐고 묻는 것이 편하지 않을 때가 많거든요. 그래서 체험객들 모두에게 남녀가 구분된 화장실이 어디에 있고, 어떻게 사용하면 되는지를 공식적으로 안내하는 것이 좋습니다.

즉, "체험프로그램을 하시다가 화장실을 사용하고 싶으신 분들은, 실내치유체험장 입구 좌측에 있는 남녀가 구분된 화장실을 이용하시면 됩니다. 혹시 불이 켜져 있지 않으면 화장실 문 바로 옆에 스위치를 눌러서 불을 켜고 들어가시면 됩니다. 화장실 안에는 휴지가 세팅되어 있고, 손을 씻는 세면대에는 손 씻기 안내문과 비누가 비치되어 있습니다. 혹시 화장실을 이용하시다가 불편한 사항이 있으시면 제 집사람인 보조진행자 OOO선생님에게 문의하시면 됩니다"와 같이 화장실 안내 및 화장실 사용 안내를 하면 됩니다.

다음으로 체험프로그램을 진행하다가 목이 마를 경우를 대비해서 체험객들이 물을 마시는 곳과 물 마시는 방법을 안내해야 합니다. 미리 설치한 정수기를 이용하도록 안내할 수 있고, 생수를 준비할 수도 있고, 물 대신 마실 가벼운 차를 준비해서 안내할 수도 있습니다. 컵은 환경과 생태계를 위해 일회용 컵보다는 스테인리스 컵이나 머그컵을 준비해서 쟁반 위에 체험객 숫자보다 더 넉넉하게 준비해서 놓으면 됩니다. 그리고 옆에 네임펜을 비치해서 컵에 이름을 쓰고 사용하게 되면, 컵을 효율적으로 사용할 수 있습니다. 특히 더운 여름에는 물을 자주 마시기 때문에 네임펜으로 체험객의 이름을 쓰고 자기 컵만 사용하게 하는 것이 효율적입니다. 아니면 아주 많은 컵을 준비해야 합니다. 20명의 체험객이 모두 2번씩 물을 마신다고 가정하면, 일회용 종이컵이 40개가 필요하고, 휴식 시간에 차까지 타서 마시면 무려 60개의 종이컵이 소비됩니다. 스테인리스 컵이나 머그컵도 60개를 준비해야 하는 문제가 발생합니다.

물 마시는 곳 안내는, "선생님들 체험하시다가 목이 마르시면, 실내체험장 뒤쪽에 시원한 물을 준비해 놓았습니다. 컵에 네임펜으로 자기 이름을 쓰시고, 오늘 체험할 때는 자기 컵을 계속해서 사용해 주시면, 지구가 고마워할 겁니다. 아시겠죠?"와 같이 체험객들에게 안내하면 됩니다.

물병, 물컵 놓는 곳 안내

끝으로 도입에서 안내할 것은 바로 안전수칙 공지입니다. 안전수칙 공지는 체험프로그램 진행에서 안전사고를 방지하는 가장 중요한 기제이기 때문에 꼭 안내해야 하고, 자세하고 구체적으로 안내해야 하며, 반드시 체험객들의 입으로 안전수칙을 따라 읽게 안내해야 합니다. 그렇게 해야 체험객들이 체험농장이나 교육농장 그리고 치유농장에서의 위험 요소와 안전사고 가능성을 인지하고, 조심하면서 체험프로그램에 참여하기 때문에 안전사고 발생을 방지할 수 있습니다.

안전수칙 공지를 하기 위해서는 안전수칙 안내문이나 안전수칙 패널이 미리 세팅되어야 합니다. 체험객들이 잘 보이는 곳에 안전수칙 안내문이 부착되어 있거나, 프레젠테이션에서 안전수칙 안내문을 띄워 놓아야 합니다.

안전수칙 안내문은 아주 구체적이며, 자세하게 작성한 안내문이 좋습니다. 서너 가지로 압축된 안전수칙 안내문은 안전사고 예방에 큰 도움이 되지 않습니다.

안전수칙 공지는, "선생님들 제가 오늘 가장 중요하게 생각하는 것은 바로 안전한 체험입니다. 선생님들이 안전하게 체험하시려면 OOO체험교육농장에서 다 같이 지켜야 할 안전 약속이 있는데, 보시면서 큰 소리로 읽어주세요. 초등학생이 되었다고 생각하고 큰 소리로 읽으시는데, 제가 앞부분인 검은 글자를 읽으면 여러분들은 뒷부분인 빨간 글자를 읽어주세요. OOO체험교육농장의 안전 약속! 첫째, 도로는, (절대로 나가지 않습니다.)……." 와 같이 체험객들에게 안내하면 됩니다.

우와, 이렇게 좋은 도입 진행기법이 있었군요. 저는 그것도 모르고 그동안 도입이라서 대충 했는데, 체험객들이 크게 실망했겠어요. 그렇지만, 박사님이 가르쳐 주신 방법대로 도입 부분을 진행하려면 많이 연습해야겠네요. 그리고 기존의 진행 방식을 전부 버려야겠네요.

기억하고, 연습해야 할 내용이 너무 많아요. 정리를 부탁드립니다.

좋은 결심과 각오입니다. 큰 고민 없이 늘 하던 도입 진행 방법은 과감하게 버리시고, 제가 설명하고 가르쳐 드린 새로운 방법으로 체험프로그램의 도입 부분을 진행해 보세요. 체험객들의 눈빛이 달라질 겁니다.

정리를 해 드리겠습니다. 아래 정리 상자를 잘 읽으시면 됩니다.

먼저 체험프로그램 진행의 세 단계 가운데 첫 번째인 도입 단계의 순서는 다음과 같습니다.

체험농장과 체험프로그램, 어떻게 준비하고 운영할 것인가

한 번에 보는 도입 단계

(주차 안내) - 만남과 첫인사 - 농장 소개 - 주진행자와 보조진행자 소개 - 팀 나누기 - 실내체험장 입실과 착석 안내 - 팀 확정하기 - 체험프로그램의 주제와 체험목표 안내 - 화장실 안내 - 물 마시는 곳 안내 - 안전수칙 공지
치유농장: '환영차 마시기 - 스트레스지수 또는 혈압 사전 측정'이 도입 순서 안에 추가됨.

체험프로그램 진행에서 체험객들에게 강한 인상을 주면서, 체험객들에게 높은 호응을 끌어내기 위한 도입 단계의 진행 기법은 다음과 같습니다.

체험프로그램 진행 : 도입 단계의 진행기법

- 시작이 반이다! 도입 단계에서 체험객들에게 강한 인상을 주어라!
- 체험객들에게 인상적인 첫인사를 해라!
- 길고 장황하게 농장 소개를 하지 마라!
- 애칭을 만들어서 진행자를 소개하라!
- 단체를 대상으로 진행할 때는 팀을 나누어라!
- 체험프로그램의 내용을 함축하는 세련된 주제를 제시해라!
- 체험객들의 도전 의식을 일깨우는 체험목표를 제시해라!
- 화장실 안내를 부드럽게 해라!
- 물 마시는 곳과 물 마시는 법을 정확하게 안내하라!
- 안전수칙 안내문을 작성해서 부착하라!
- 체험객들이 큰 소리로 안전수칙 안내문을 따라 읽게 하라!

2.2 전개 : 한 단계 또 한 단계씩!

도입 단계에서 체험프로그램을 어떻게 진행할 것인가에 대해 제가 자세하게 설명해 드렸습니다. 다음은 '도입-전개-마무리'에서 본격적인 체험프로그램을 진행하는 전개 단계에 관해 설명해 드리겠습니다.

도입에서 강한 인상을 주고, 호기심과 호응을 끌어냈으니까, 그냥 체험하라고 하면 되는 것 아닌가요? 체험농장에서 체험프로그램 진행하는 것 보니까, 체험객들을 재배하우스로 인솔해서 검은 비닐이나 바구니를 나누어주고, 몇 개씩 따라고 하면 끝나던데요.

바로 그 점입니다. 많은 체험농장들이 아무런 고민 없이 체험장소(실외체험장)로 체험객들을 데리고 가서 수확용 검은비닐이나 바구니 또는 팩을 나누어주고, 수량을 정해주고 수확하는 방법으로 진행합니다. 조금 더 체계적으로 수확 체험을 하는 곳은 주진행자가 체험객들에게 어떤 정도가 되면 수확할 수 있고, 어떻게 수확하는지를 자세하게 설명해 주죠. 농부의 관점에서 당도가 얼마가 되고, 색깔과 모양이 어느 정도가 되면 수확할 수 있다고 설명해 주는데, 체험객들 측면에서 보면 잘 이해가 안 되는 부분이 많아요. 그리고 아열대과수를 농사 짓는 농부처럼 그냥 수확하라고 하면 아열대과수 수확이 쉽지 않아서, 나뭇가지를 부러뜨리거나, 잘 익지 않은 열매를 따거나, 아열대과수는 보지도 않고 정해진 숫자만 따서 검은비닐이나 바구니에 담아오는 경우가 많습니다.

그래서 수확 체험은 한두 번 하면 더 이상 흥미가 없어서 하지 않게 됩니다. 아열대과수 수확 체험을 한다고 해서 아열대과수에 대해 체험객들의 이해와 인식이 넓어지는 것도 아니고, 아열대과수를 재배하는 농부들의 필요성에 대해 공감하지도 않거든요.

그러면 어떻게 체험을 진행해야 하나요? 저희는 그동안 다른 체험농장에서 진행하는 방법을 따라서 했거든요. 체계적으로 체험프로그램을 진행해야 한다고 생각할 시간적 여유가 없었습니다. 또 체험프로그램의 체계적인 진행 방법을 가르쳐 주는 사람도 없었고요.

좋습니다. 그래서 제가 지금부터 체험농장이나 교육농장 그리고 치유농장을 운영하시는 분들에게 본격적으로 체험프로그램을 진행하는 방법에 대해 자세하게 안내해 드리겠습니다.

먼저 체험프로그램을 진행하는 목적을 정확하게 이해해야 합니다. 많은 농업인이 체험프로그램을 진행하는 목적이 돈을 벌기 위해서라고 합니다. 맞는 말씀입니다. 체험을 통해서 농외소득을 창출해야 합니다. 그렇지만 체험으로 수익을 창출하는 것은 1순위가 아니라, 2순위입니다. 가장 중요한 1순위는, 체험프로그램을 진행하는 것이 특정 농작물을 재배하는 농업을 잘 모르는 도시의 체험객들에게 농업을 직접 몸으로 체험함으로써 특정 농작물을 재배하는 농업을 이해하게 만드는 데에 있습니다. 그리고 특정 농작물을 재배하는 농부들의 수고와 노동에 공감하면서, 기후변화를 대비하기 위해, 이산화탄소 발생을 줄이기 위해, 나아가 지구와 환경을 살리기 위해 특정 농작물을 친환경적으로 재배하는 것이 필요하다는 인식을 만들어 내는 데에 있습니다.

음, 굉장히 거창한 이야기를 하시네요. 체험농장이나 교육농장 그리고 치유농장을 하는 분 중에는 그런 생각을 하는 사람도 있지만, 대부분은 그냥 체험해서 체험비 받고, 농산물 판매하는 목적을 전부라고 생각하거든요.

'농업을 직접 몸으로 경험함으로써 특정 농작물을 재배하는 농업을 체험객들이 이해한다.', '특정 농작물 체험을 통해서 기후변화와 환경의 문제를 인식한다.'라는 것은 대학교 교수님들이 이야기할 내용이 아닌가요? 저희는 그냥 올리브, 비파, 레몬 등을 재배하는 농부일 뿐입니다.

아닙니다. 올리브, 비파, 레몬을 재배하는 농부들이기에 체험객들에게 아열대과수 농사와 아열대과수 재배의 당위성을 정확하게 알려줄 수 있습니다. 특정 농작물 재배와 농업의 당위성을 소비자인 체험객들에게 정확하게 알려주어야 합니다. 그리고 마케팅에서 그런 말이 있죠. '소비자의 지갑을 열게 하기는 쉽지만, 소비자의 마음을 열게 하기는 어렵다. 마음을 연 소비자는 평생 고객이 된다'라는 말 들어보셨죠. 특정 농작물을 재배하는 농업과 농부를 이해하고 특정 농작물에 대한 체험의 목적을 도시 체험객들이 정확하게 이해한다면, 체험농장이나 교육농장 그리고 치유농장의 평생 소비자가 될 수 있습니다. 한번 체험비 받고 끝내시겠습니까, 아니면 체험객이 계속해서 체험농장이나 교육농장 그리고 치유농장에 오게 하겠습니까? 대부분 체험객이 계속해서 농장을 찾아오고, 가족과 함께 체험하러 오고, 농산물 구매 주문을 꾸준하게 해 주기를 원하지 않습니까?

체험농장과 체험프로그램, 어떻게 준비하고 운영할 것인가

그러네요. 박사님 말씀을 듣고 보니, 한번 체험으로 끝낼 것이 아니라, 여러 번 나아가 해마다 체험하러 오도록 만드는 것이 체험농장이나 교육농장 그리고 치유농장의 경영에 훨씬 도움이 되네요. 평생 소비자를 만들어야 한다는 것, 평생 고객을 만들어야 한다는 것을 저도 귀농하면서 도농업개발원 마케팅 교육에서 배웠거든요. 그때는 막연하게 '좋은 말이구나'라고 생각했는데, 체험농장이나 교육농장 그리고 치유농장의 경영에 아주 중요한 격언이었네요.

그러면 평생 고객, 평생 체험객을 만들기 위해서는 어떻게 체험프로그램을 진행해야 하나요?

전개 부분에서의 본격적인 체험프로그램 진행도 단계적으로 접근하고 안내해야 합니다. 마치 계단을 오르듯이 한 단계씩 체험내용을 안내하고 진행해야 합니다.

가장 일반적인 체험프로그램 진행 순서는 '체험활동 안내 – 체험활동 수행 – 정리와 피드백'입니다. 3단계의 체험프로그램 진행 순서를 조금 더 세밀하게 나누면, '체험 대상 농작물의 특성 안내 – 체험활동 순서와 방법 안내 – 시범 보이기 – 준비물과 도구 나누어 주기 – 체험객들의 체험활동 수행 – 체험활동 수행 후의 정리와 소감 – 전체적인 평가와 피드백'입니다.

체험프로그램의 진행 순서가 굉장히 복잡해 보이지만, 차분하게 생각해 보면 꼭 필요한 순서이고 단계입니다. 이제 하나씩 설명하고 예를 들어서 안내해 드리겠습니다.

1) 체험 대상 농작물의 특성 안내

체험 대상 농작물의 특성 안내가 제일 먼저 나오는 이유는, 체험객들이 체험 대상 농작물의 특성을 잘 모르기 때문입니다. 올리브나무를 재배하는 체험농장이나 교육농장 그리고 치유농장에서 올리브잎을 수확하는 체험활동을 진행할 때, "지금부터 바구니 나누어주겠습니다. 한 사람이 바구니의 절반 정도 올리브잎 따시면 됩니다. 한 가지만 집중적으로 따시면 안 됩니다. 시작하세요"라고 체험프로그램을 진행하는 경우가 많은데, 이렇게 체험활동을 안내하면 아무런 감동과 감흥을 체험객들에게 줄 수 없습니다. 오로지 올리브잎 수확 행위에만 집중해서 안내하였기 때문입니다.

반면 "비둘기처럼 평화를 상징하는 나무가 바로 앞에 보이는 올리브나무입니다. 선생님들 올리브유 잘 아시죠. 댁에서 엑스트라버진 올리브유 한 병씩 다 있으시죠. 올리브열매를 수확해서 기름을 짠 것이 올리브유입니다. 오늘 우리는 올리브열매가 아니라, 올리브잎을 수확합니다. 올리브잎도 열매 못지않게 좋은 효능을 가지고 있어서 옛날 수도원에서 신부님들이 올리브잎을 따서 차를 만들어 마셨다고 합니다. 어떠세요? 올리브잎 따보고 싶지 않으세요?"라고 체험객들에게 올리브잎 따기 체험을 안내한다면, 체험객들은 눈을 크게 뜨고 올리브나무와 올리브잎을 보게 될 겁니다.

이제 왜 본격적인 체험프로그램의 진행 첫 번째 순서가 '체험 대상 농작물의 특성 안내'인지 이해되시죠?

아, 바로 그거네요. 저도 지인들 불러서 올리브잎 따기 체험프로그램을 진행해 보았는데, 몇몇 여자분들 말고는 별로 올리브나무나 올리브잎에 관심이 없더군요. 그냥 올리브잎 부지런히 따서 바구니에 채워오는 정도였습니다. 왜 그렇게 반응이 신통치 않았는지 이제야 이해가 됩니다.

2) 체험활동 순서와 방법 안내

체험 대상 농작물의 특성을 인상적으로 안내하였다면, 다음은 '체험활동 순서와 방법 안내'입니다. 여기서도 집중해서 잘 들어주세요. 아주 색다른 진행 방법을 가르쳐 드릴 겁니다.

일반인들이나 학생들이 체험농장이나 교육농장 그리고 치유농장에 와서 체험활동을 하는 경우 체험활동의 순서와 방법을 정확하게 안내하는 것이 대단히 중요합니다.

많은 체험농장들이, "지금부터 제가 나누어 드리는 바구니 받아서 레몬 수확 체험할 겁니다. 한 사람당 5개씩 따세요. 레몬 따는 데 전정가위 필요한 분 말하시고요. 시작하세요"라고 레몬 수확 체험활동을 안내하는 경우가 많습니다. 여기에는 순서와 방법이 전혀 안내되지 않았기 때문에 잘못하면 레몬나무 가지를 꺾는 경우도 발생하고, 한쪽만 노란 덜 익은 레몬을 따는 경우도 발생합니다. 심지어는 본인이 잘못 딴 레몬을 주진행자 몰래 구석에 던져 버리고, 새로 레몬을 따는 일도 발생합니다. 왼손에는 바구니를 들고, 오른손으로 레몬을 잡고 따는 사람들이 대부분입니다. 레몬도 잘 안 따지고, 레몬나무도 훼손되게 됩니다. 전부 체험활동의 순서와 방법을 정확하게 안내하지 않아서 발생하는 문제입니다.

그러면 어떻게 체험활동 순서와 방법을 안내해야 할까요?

육하원칙이라는 기준을 가지고, 체험활동의 순서와 방법을 안내해야 하고, 먼저 해야 하는 것과 나중에 해야 하는 것에 대한 순서를 정확하게 안내해야 하고, 방법도 구체적이고 정확하게 설명하고 가르쳐 주어야 합니다.

"지금부터 잘 익은 레몬열매를 5개씩 골라서 따는 레몬 수확 체험을 시작하겠습니다. 먼저 레몬나무를 천천히 보고, 레몬나무가 어떻게 생겼는지 살펴보세요. 다음으로 레몬나무에서 레몬열매를 찾으세요. 다음으로 모든 면이 골고루 노랗게 잘 익은 레몬 열매를 찾으세요.

다음으로 왼손으로는 레몬 열매가 달린 가지를 잡고, 오른손으로 레몬 열매를 잡은 뒤, 레몬 열매를 살짝 돌려서 따면 레몬 열매를 쉽게 딸 수 있습니다. 레몬열매를 딴 뒤에는 왼손으로 잡고 있던 가지를 놓아주면 됩니다. 전정가위로 따는 방법을 알려 드리겠습니다. 왼손으로 레몬열매를 잡고, 오른손으로 전정가위를 벌려서 꼭지에 넣은 다음, 꼭지를 살짝 잘라주면 레몬열매를 전정가위로 쉽게 딸 수 있습니다. 가지를 자르는 게 아니고, 레몬열매 꼭지를 잘라주는 겁니다. 한 사람이 레몬나무 한 그루를 전담해서 따는 겁니다. 이 나무 저 나무 옮겨 다니면서 따면 다른 사람들한테 방해가 될 수 있습니다. 전지가위로 따실 분은 저한테 전정가위 받아 가세요. 전정가위는 끝이 뾰족하므로 다치지 않게 조심해서 사용해야 합니다. 시간은 10분 드리겠습니다. 10분 뒤에 처음 시작한 이곳으로 수확한 레몬 바구니 들고 오시면 됩니다. 시작하세요.”라고 체험활동의 순서와 방법을 아주 구체적이고도 자세하게 설명해 주어야만 주진행자가 원하는 대로 체험활동을 진행할 수 있습니다.

　　알겠습니다. 우리들은 평상시 올리브나, 비파, 레몬 농사를 해서 대수롭지 않은 것들인데, 일반 체험객들에게는 생소해서 아주 자세하고 구체적으로, 그리고 단계적으로, 방법도 정확하게 설명해 주어야 하는 거군요. 육하원칙에 따라서 체험활동을 안내해야 하는 거군요. 어쩐지 체험활동 안내하다 보면 무언가 자꾸 빠뜨리게 되는 게 육하원칙을 적용하지 않아서 그런 거군요.

　　네, 맞습니다. 체험활동을 안내할 때는 항상 육하원칙을 적용해서 정확하고, 구체적으로, 그리고 단계적으로 체험객들에게 안내해야 하고, 체험 시간과 체험활동의 범위, 체험활동을 마친 뒤에 무엇을 해야 하는지에 대해서도 안내해야 합니다.

3) 시범 보이기

체험활동의 순서와 방법을 자세하게 설명하고, 안내해도 잘 모르는 체험객들이 있던데요. 전정가위 사용법도 설명해 주었는데, 작동이 안 된다고 말하는 체험객들이 있어서 다시 설명해 주느라 정신없이 바빴습니다. 어떻게 해야 하나요?

체험객들에게 체험활동의 순서와 방법을 육하원칙에 따라 정확하고 구체적으로 안내해 주어도 잘 못하는 체험객들이 있는 것은 당연합니다. 왜냐하면 초보 농부님도 맨 처음에는 그랬을 것 같거든요. 누구나 처음 하는 것은 서툴고 어렵거든요.

아, 그러고 보니 저도 그랬군요. 저도 전정가위 사용법이 서툴러서 처음에는 엄청 손이 아팠어요. 익숙해지고 나니, 편해졌습니다. 체험객들이 전정가위나 체험도구를 처음 사용하니 서툴고 어려울 수밖에 없겠네요. 그러면 어떻게 하죠? 체험객들에게 더 쉽게 하는 방법은 없나요?

있습니다. 바로 '시범 보이기'라는 진행 방법입니다. 체험농장이나 교육농장 그리고 치유농장의 주진행자가 직접 시범을 보여주는 겁니다. 체험객들을 대상으로. 잘 익은 레몬열매를 손으로 따는 체험활동을 할 때, 주진행자가 체험객들을 집중시키고, 직접 잘 익은 레몬열매를 하나 고른 다음 안내한 순서와 방법으로 따는 시범을 보여주면 됩니다.

전정가위를 사용해서 레몬열매를 수확하는 체험에서도 마찬가지입니다. 주진행자가 체험객들을 집중시키고, 전정가위를 사용하는 법을 먼저 시범 보이고, 다음으로 전정가위를 사용해서 잘 익은 레몬열매를 따는 법을 시범 보이기를 하면 됩니다.

그래도 어려워하거나, 충분하게 이해되지 않은 것 같다면, 이번에는 가장 집중을 안 하는 체험객을 불러내서 시범 보이기를 해 보도록 하면 됩니다. 즉 체험객이 주진행자가 되어서 다른 체험객들에게 시범을 보여주는 겁니다.

시범 보이기! 바로 그거예요. 체험교육농장을 잘 운영하는 선배님이 늘 저한테 말한 겁니다. 체험객들은 모든 것이 낯설고 생소하고 서툴기 때문에 항상 시범을 보여야 한다고. 그 말이 바로 이 말이었군요.

앞으로는 제가 체험객들에게 시범을 보여주겠습니다. 시범 조교가 되겠습니다. 그래도 모르면 체험객을 불러내서 시범 조교가 되도록 하겠습니다.

시범 보이기가 끝나면 곧바로 체험 시작하면 되는 거죠?

아닙니다. 한 단계가 더 남아 있습니다.

체험농장과 체험프로그램, 어떻게 준비하고 운영할 것인가

4) 준비물과 도구 나누어 주기

시범 보이기가 끝나면, 다음 순서로 체험객들에게 준비물과 도구를 나누어 주는 겁니다.

준비물과 도구는 제일 처음에 나누어주는 게 아닌가요? 많은 체험농장에서 준비물과 도구를 먼저 나누어 주고 나서, 체험 안내를 하던데요. 저도 준비물과 도구를 먼저 나누어 주어야 편하고요.

준비물과 도구를 먼저 나누어 주어서 집중하지 않았던 겁니다. 체험객들 손에 준비물과 도구가 있으면, 주진행자의 체험활동 순서와 방법 안내 그리고 시범 보이기에 집중할까요? 아니면 준비물과 도구에 눈이 갈까요? 당연히 준비물과 도구에 눈이 가고, 주진행자의 안내에는 소홀하게 됩니다. 왜냐하면 체험교육농장에서 나누어주는 준비물과 도구는 평상시에 만져볼 수 없는 것들이거든요. 체험객들에게는 아주 신기한 물건입니다. 전정가위 하나도 체험객들에게는 아주 신기한 도구이기 때문에, 전정가위를 만지작거리느라 주진행자의 안내에 집중하지 못하게 되는 겁니다. 심지어는 준비물과 도구를 미리 사용하기도 합니다. 자칫 잘못하면 안전사고가 발생하기도 하죠. 왜 정확한 사용법도 모르고 혼자서 사용하다 보면 안전사고가 나게 됩니다. 끝이 뾰족한 전정가위를 만지작거리다가 찔리는 경우가 종종 있습니다.

네, 맞아요. 체험농장 운영하는 분들이 그런 사고가 종종 있다고 하더라고요. 준비물과 도구 나누어주기는 시범 보이기까지 끝나고 나서 나누어 주어야 하는 거군요.

네, 그렇습니다. 육하원칙에 따라 체험활동 순서와 방법을 정확하고 구체적이며 단계적으로 안내한 뒤, 주진행자가 시범을 보이고 나서, 체험활동을 시작하기 직전에 준비물과 도구를 나누어 주는 것이 가장 바람직합니다.

준비물과 도구를 나누어 줄 때도 순서가 있습니다. 만약 장갑과 전정가위, 바구니를 나누어준다면 어떤 순서로 나누어줘야 할까요? 가장 먼저 장갑을 나누어주고 장갑을 착용하라고 한 뒤에, 바구니를 나누어 주고, 가장 마지막에 전정가위를 나누어 주면서 바구니에 담아서 이동하라고 하면 안전한 준비물 나누기가 됩니다.

팀을 나누어서 체험활동을 진행할 때, 팀별로 준비물과 도구를 나누어 주는 것이 좋습니다. 팀별로 전정가위 2개, 바구니 1개를 나누어 주고, 장갑은 개인별로 모두 나누어 주면 됩니다. 이때 팀장에게 전정가위 2개가 담긴 바구니를 나누어 주면 됩니다.

주진행자의 안내에 따라 팀장이 나와서 팀원에 맞는 숫자만큼 준비물과 도구를 챙겨 가도록 하는 것도 좋은 방법입니다. 체험활동이 끝난 뒤에는 팀장이 사용한 준비물과 도구를 다시 반납하게 하면 아주 효율적으로 준비물과 도구 관리를 할 수 있습니다.

체험농장과 체험프로그램, 어떻게 준비하고 운영할 것인가

준비물과 도구 나누기에도 순서와 방법이 있었군요. 막 나누어주는 것이 아니었군요. 앞으로 저는 팀장을 활용해서 팀장에게 준비물과 도구를 챙겨가라고 안내하겠습니다. 그러면 제가 조금 더 편해지고, 팀장은 역할이 생겨서 좋을 것 같습니다. 이제 체험을 시작하는 거죠?

네, 맞습니다. 준비물과 도구까지 모두 나누어 주고, 모든 준비가 완료되면 체험활동을 시작하면 됩니다.

5) 체험활동 수행

체험이 시작되면 체험농장이나 교육농장 그리고 치유농장의 주진행자는 그냥 있으면 되죠? 체험객들이 제가 안내한 대로 체험할 테니까요

대부분 체험객은 체험교육농장의 주진행자가 안내한 대로 체험활동을 정확하게 수행합니다. 그렇지만, 체험객들만 남겨두고, 체험교육농장의 농업인이 다른 일을 한다면, 어떨까요? 초보농부 선생님은 어떨 것 같나요? 충분하게 서비스를 받고 있지 않다는 생각이 들겠죠.
또 체험객들은 처음 들어온 레몬재배하우스나, 올리브정원, 비파과수원 등과 같은 실외체험장이 익숙한 공간이 아니라서, 불편하고 부자연스러운 느낌을 받을 수 있습니다.

체험하다가 궁금한 사항을 물어보고 싶을 때도 나옵니다.

내가 수행하고 있는 방법이 정확한지를 확인하고 싶기도 하겠죠?

올리브농장에 왔으니까, 올리브 재배 농부랑 올리브에 관해 이야기를 나누고 싶기도 하겠죠?

체험을 먼저 마친 체험객들은 어떻게 해야 하는지 사후 활동을 안내받고 싶겠죠?

실제로 딸기농장에서 딸기 수확체험을 하러 온 가족들에게 딸기농부가 "자 그럼 제가 나누어준 팩에 잘 익은 딸기 따고 채워서 나오세요. 저는 옆 하우스에 가서 일하고 있겠습니다."라고 말하고, 체험프로그램을 안내한 딸기농부가 옆에 있는 비닐하우스로 가 버린 경우가 종종 있다고 하더군요.

아이쿠 그러네요. 체험객들만 남겨두면 안 되겠네요. 지켜보고만 있어도 안 되겠네요.

체험객들이 육하원칙에 따라 체험활동의 순서와 방법을 정확하게 안내받고, 체험농장이나 교육농장 그리고 치유농장의 농업인 주진행자의 시범을 보고, 준비물과 도구를 나누어 받아서, 본격적으로 체험활동을 수행할 때도, 체험프로그램을 진행하는 농업인은 체험객들과 함께하면서 해야 할 일이 있습니다.

체험프로그램의 주진행자는 체험객들이 본격적으로 체험활동을 수행할 때도 '공간과 범위 확정과 재안내, 상호작용과 친밀감 형성, 질문에 대한 응답, 농작물 관리, 안전사고 방지와 안전관리, 시간 안내, 후속 활동 재안내' 등을 해야 합니다.

우와, 체험농장이나 교육농장 그리고 치유농장의 체험프로그램 주진행자는 놀 틈이 없군요. 체험객들에게 체험 안내한 뒤에 쉬려고 했는데, 그렇게나 많은 것을 또 해야 하나요?

엄청나게 많은 것을 해야 한다고 생각하겠지만, 가만히 검토해 보면 꼭 필요한 일들입니다. 지금부터 제가 하나씩 설명해 드리겠습니다.

가) 공간의 범위 확정과 재안내

첫째, 공간의 범위 확정과 재안내를 해야 합니다. 체험프로그램의 주진행자는 공간의 범위 확정과 재안내를 해야 합니다. 예를 들어 비파열매를 수확하는 경우, 체험객들에게 어디에서 어디까지 수확해야 하는지 체험객을 인솔해서 재안내해 주면 좋겠죠? 왜냐하면 체험객들은 아주 낯선 실외체험장에 처음 들어왔으니까요.

"자, 선생님들 저를 따라오세요. 제일 첫 번째 팀은 이 구역에 있는 비파나무에서 비파열매 수확 체험을 하시는 겁니다. 두 번째 팀은, 다음 구역에 있는 비파나무에서 비파열매 수확 체험을 하면 됩니다. 마지막 팀은 제일 끝 구역에서 수확 체험하세요."라고 체험프로그램을 진행하는 주진행자가 체험객들에게 체험활동 공간의 범위 확정과 재안내를 해 주면 체험객들은 더 쉽고 빠르게 체험할 수 있습니다. 그리고 주진행자의 추가 서비스에 더 만족하게 됩니다.

나) 상호작용과 친밀감 형성

둘째, 상호작용과 친밀감을 형성해야 합니다. 체험프로그램의 주진행자는 체험객들과 상호작용과 친밀감 형성을 해야 합니다.

체험교육농장에 온 고객들은 특정 농작물을 재배하고 있는 농부들과 상호작용을 하고 싶고, 친밀감을 형성하고 싶어 합니다. 왜냐하면 평상시 주변에서 만날 수 있는 사람이나 직업군이 아니기 때문입니다. 이러한 마음을 가지고 있는 체험객들에게 체험프로그램을 진행하는 주진행자가 먼저 다가가서 말을 걸고 상호작용을 하면서 친밀감을 표시한다면, 체험객들의 만족도는 아주 높아지게 됩니다.

체험하러 왔지만, 체험대상 농작물 몇 개만 수확하기 보다는 농작물을 재배하는 농부랑 이야기해 보고 싶은 마음이 큽니다. 예를 들어 레몬재농장에 체험을 하러 온 경우, 레몬과 같은 농작물만 만나고 가는 것보다, 레몬을 재배하는 농부를 만나고 싶은 마음이 더 큽니다.

그래서, "어디에서 오셨나요? (창원이요.) 창원에서 오셨다고요. (네.) 우리 형님도 창원에 사시거든요. (네. 형님이 창원 사시는군요) 창원, 경남에서 제일 큰 도시인데 살기 좋죠? 창원 분들이 저희 레몬농장에 체험하러 오셔서 영광입니다. 자녀 분들도 아주 활발하고 똑똑하네요. 제가 안내해 준 대로 잘 익은 레몬만 골라서 따고 있어요. (네. 우리 아들이 잘 하는 거죠?) 아주 잘하고 있습니다. 저 대신에 레몬농사 해야겠어요. (그럴까요? 농대 보낼까요?)"와 같이 체험객과 상호작용을 하고, 친밀감을 보인다면, 체험객들은 더 만족스러운 체험을 하고 농부와의 대화를 통해 방문한 체험농장이나 교육농장 그리고 치유농장을 의미 있는 장소로 기억할 겁니다. 체험객들이 의미 있는 장소로 기억하면, 항상 재방문이 이어지게 되고, 재구매로 연결됩니다. 홍보마케팅에도 아주 좋은 전략입니다.

그렇군요. 저는 말주변이 없어서 체험할 때 체험객 옆에 가만히 서 있기만 했는데, 체험객들이 저를 조금 부담스러워하더군요. 농부인 제가 먼저 말을 걸고, 체험객들과 대화를 나누면서 상호작용을 하고, 체험객들과 가까워질 수 있도록 노력해야 하는군요.

바로 그겁니다. 여행을 갔을 때도, 그곳에서 사는 현지인들과 대화를 나누면, 평생 잊지 못할 여행지가 되는 것과 같은 이치입니다.

체험객들에게 편하게 말을 하시거나 질문을 하시고, 체험객들과 대화를 나누면서 상호작용을 하시고, 체험객들과 가까워지도록 친밀감을 만드세요. 만족도 높은 체험으로 가는 지름길입니다.

다) 질문에 대한 응답

셋째, 질문에 대해 응답해야 합니다. 체험프로그램의 주진행자는 체험객들의 질문에 대해 친절하게 응답해 주어야 합니다.
체험객들은 체험농장이나 교육농장 그리고 치유농장에서 체험활동을 할 때, 주진행자인 농부에게 궁금한 사항을 항상 묻고 싶어 합니다. 질문의 종류는 아주 작은 것부터, 매우 깊은 철학적인 것까지 다양한데, 다양한 질문에 성실하게 답을 해 주면, 체험객들은 매우 만족스러워하고, 주진행자인 농부에 대해 호감을 나타냅니다.
레몬농장에서 잘 익은 레몬을 수확하는 체험을 하다가 체험객 한 사람이 체험농장이나 교육농장 그리고 치유농장의 주진행자인 레몬농부에게 이런 질문을 할 수 있습니다. "제가 동남아 여행 갔다 왔는데, 거기는 레몬보다 깔라만시를 재배하던데요. 깔라만시와 레몬은 다른 건가요? 어떤 사람은 같은 거라고 하던데요."라고 주진행자에게 질문을 한다면, 주진행자인 레몬농부는 체험객에게 정확하게 답을 해 주어야 합니다. "레몬과 깔라만시는 같은 종류가 아닙니다. 동남아여행 갔다가 오신 분들이 레몬과 깔라만시가 맛이 비슷하고, 비타민이 풍부한 것도 비슷해서 같다고 하시는 분들이 있는데, 서로 다른 종류입니다. 깔라만시는 수많은 감귤류의 한 종류입니다. 물론 레몬도 감귤의 한 종류이죠. 둘 다 운향과에 속하는 과일이라서 향과 맛이 강합니다."라고 답을 해 주어야 체험객은 만족할 수 있습니다.

또 "왜 레몬 농사를 하세요? 남해안 쪽은 유자농사를 많이 하던데, 레몬농사가 더 좋은가요?"라고 체험객이 주진행자에게 조금은 엉뚱한 질문을 할 수 있습니다. 이러한 질문에 대해서도 주진행자인 레몬농부는 "옛날에는 유자농사를 많이 했다고 하더군요. 거제도 유자농사를 많이 한 지역이고, 아직도 큰 유자나무가 남아 있는 농장이 있습니다. 저는 거제로 귀농했는데, 거제농업개발원에서 신활력사업으로 아열대과수 재배 교육을 받게 되어서 레몬농사를 시작하게 되었습니다. 레몬농사가 더 좋은지는 조금 더 해 봐야 알 것 같은데, 레몬이 저한테는 꽤 매력적인 과일이거든요."라고 명확하게 답을 해 주어야 합니다.

혹은, 가볍게 "혹시 귀농하셨나요? 저도 은퇴하면 귀농해 보려고요."라고 체험객이 주진행자에 질문을 할 수 있습니다. 귀농 문의에 대해 체험농장이나 교육농장 혹은 치유농장의 레몬농부가 "아이구, 귀농 절대 하지 마세요. 골병만 들고. 빚만 늘

체험농장과 체험프로그램, 어떻게 준비하고 운영할 것인가

고, 돈 못 벌어요"라고 답을 해서는 안 됩니다.

가볍게 던진 질문에 레몬농부의 삶의 고난과 질곡으로 답을 하게 되면, 체험객과 친밀감 형성은커녕 싸늘한 분위기만 형성하게 됩니다. 비록 귀농해서 수익을 충분하게 창출하지 못하더라도, 체험객의 질문에 대해 "네, 저도 직장 다니다가 그만두고 귀농했습니다. 선생님도 귀농 생각하시는군요. 귀농하시려면 철저하게 준비하셔서 시작해야 시행착오를 줄일 수 있습니다. 레몬 농사를 하고 있는데, 아직 돈은 못 벌지만, 레몬나무를 볼 때마다 기분은 좋습니다."와 같이 대답하면서 체험객과의 상호작용과 친밀감 형성을 끌어내야 합니다.

체험 결과물에 관한 확인 사항을 주진행자에게 질문할 수 있습니다. "제가 딴 레몬 전부 잘 익은 것 딴 것 맞죠?"라고 체험객이 질문을 하면, 주진행자는 곧바로 체험객이 수확한 레몬열매를 전부 확인하고, "네, 잘 따셨습니다. 모두 잘 익은 레몬이네요."라고 답을 해 주어야 체험객은 마음이 편안해지고, 동시에 주진행자인 레몬농부로부터 자신이 인정받았다고 생각하게됩니다.

라) 농작물 관리

넷째, 농작물 관리입니다. 체험프로그램의 주진행자는 체험객들의 체험활동을 면밀하게 보면서 농작물을 잘 지키고 관리해야 합니다.

체험프로그램을 진행하다 보면, 농작물이 훼손되거나 망가지는 경우가 종종 발생합니다. 체험객들이 익숙하지 않은 농장에서 체험을 하다보면, 농작물을 어떻게 다뤄야 할지를 몰라서 발생하는 사고죠. 대표적인 경우가 딸기농장에서 딸기 수확 체험을 한번 끝내면, 딸기모종들이 몸살을 앓을 만큼 상태가 안 좋아진다고 하는 예를 들 수 있습니다.

체험프로그램을 진행하는 것도 중요하지만, 농업인에게 가장 중요한 것은 재배하고 있는 농작물을 건강하게 지키고 관리하는 것입니다. 체험객들은 농작물을 직접 재배하는 농부가 아니기 때문에, 농부와 같은 마음이 아닐뿐더러, 농부처럼 체험하는 농작물을 조심스럽게 다루지 못하는 경우가 많습니다.

예를 들어 레몬을 재배하는 체험교육농장에서, 체험객들이 잘 익은 레몬열매를 수확하는 체험활동을 하고 있다고 가정해 봅시다. 한 체험객이 레몬열매를 조심스럽게 따지 않고, 확 잡아당기는 바람에 레몬나무의 가지가 찢어졌다고 하면, 주진행자인 레몬농부는 곧바로 개입해서 다음과 같이 부드럽게 주의를 주어야 합니다.

"아이고, 선생님. 잘 익은 레몬과 함께 레몬나무 가지도 수확하셨군요. 제가 레몬나무 가지가 약해서 찢어질 수 있다는 점도 더 자세하게 안내해야 했었는데, 죄송합니다. 레몬나무가 아주 아파하네요. 그래도 레몬나무가 선생님을 미워하지는 않을 겁니다. 무거운 레몬열매를 따 줬으니까요.
자, 다른 분들도 여기 한번 봐주세요.

모두 집중! 레몬열매를 확 잡아당겨서 따면 이렇게 레몬나무 가지가 찢어질 수 있습니다. 조금 더 조심해 주세요.

레몬나무 가지가 튼튼하게 잘 자라야 내년에 더 많은 레몬이 달리거든요. 레몬농부의 마음으로 레몬 수확해 주세요. 감사합니다. 다시 체험 시작하세요."라고 완곡한 표현으로, 부드럽게, 체험객을 질책하지는 않지만, 모든 체험객에게 주의를 주는 안내를 해야 합니다.

체험객들에게 주의를 줘야 하는군요. 저도 지난 번 올리브잎 따는 체험을 하다가 몇몇 분들이 올리브나무 가지를 찢어놔서 얼마나 화가 나고 속이 상하던지. 차마 화를 낼 수도 없고, 체험하는 분들에게 뭐라고 지적할 수도 없어서 아주 괴로웠습니다. 개입해서 농작물 훼손하지 말라고 주의를 줘야 하는군요.

네, 맞습니다. 체험활동을 하다가 농작물을 훼손할 때는 반드시 주의를 주어야 합니다. 다만 부드럽게, 완곡한 표현으로, 체험객이 기분 나쁘지 않게, 농부의 기분보다는 농작물의 기분을 대신하듯이 주의를 주시면 됩니다. 그리고 모든 체험객에게 이런 문제가 발생하지 않도록 조심해 달라고 당부하면 됩니다.

마) 안전사고 방지와 안전관리

다섯째, 안전사고 방지와 안전관리입니다. 체험프로그램의 주진행자는 체험객들의 안전사고를 방지하고, 안전관리에 힘써야 합니다.

체험프로그램을 진행하는 주진행자가 자리를 비울 때, 안전사고가 발생하는 경우가 종종 있습니다. 체험객들이 익숙하지 않은 도구를 조심해서 사용하지 않거나, 낯선 공간인 농장에서 충분히 살피지 않고 이동하다가 발을 헛디디거나, 호기심에 농자재를 건드려서 안전사고가 발생하는 경우가 있습니다. 비닐하우스에서는 체험에 집중하다가 비닐하우스 구조물 파이프에 긁히는 사고가 발생하는 경우도 있습니다.

안전사고는 체험활동을 할 때 발생할 가능성이 높습니다. 왜냐하면 체험객들은 체험활동에 집중하느라, 안전사고와 위험요소에 대한 주의를 충분하게 기울이지 않기 때문입니다.

따라서 체험프로그램의 주진행자는, 체험활동이 시작되면 체험객들 사이를 왔다 갔다 하면서 체험객들에게 안전사고가 발생하지 않도록 주의를 기울여야 합니다. 그리고 안전사고의 위험성이 보이는 즉시, 개입해서 안전사고가 발생하지 않도록 대처해야 합니다.

예를 들어 비파농장에서 잘 익은 비파열매를 수확하는 체험활동을 하는데, 체험객 가운데 한 분이 비파열매가 손에 닿지 않는다고 비파나무에 한 발을 올려놓고 비파열매를 따려고 하는 것을 보면, 즉시 개입해서 안전하게 비파열매를 따도록 안내해야 합니다.

"선생님, 오늘 체험은 비파열매 수확 체험이고, 비파나무 올라가는 체험은 저도 아직 해 보지 않았습니다. 비파나무 가지에 한 발을 올리시고 비파를 따다가 넘어지시면 다칠 수 있습니다. 손에 닿지 않는 비파열매는 비파나무에게 맡기시고, 손에 닿는 비파열매만 따 주세요. 자, 다른 분들도 비파나무에 올라가서 비파열매를 따는 체험은 타잔이 아닌 이상 하지 않으셔야 합니다. 넘어지거나 발을 헛디뎌서 다칠 수 있습니다."라고 안전사고 발생의 위험성을 정확하게 설명하고, 위험한 행동을 하지 않도록 안내해야 하며, 다른 체험객들에게도 같은 행동을 하지 않도록 확장 안내를 해야 합니다.

체험객들이 체험활동 할 때도 안전사고 예방 아주 중요한 거군요. 지난번 올리브잎 따는 체험을 하다가 한 학생이 올리브나무 사이를 막 뛰어다니다가 가지에 얼굴이 살짝 긁히는 일이 있었죠. 다행히 얼굴의 긁힌 부분이 빨개지는 정도로 그치고, 상처가 나지는 않았어요. 얼마나 가슴을 졸였는지 모릅니다. 가족들과 함께 오는 아이들은 정말 정신없어요. 신나게 농장을 뛰어다니면, 부모 눈치 보느라 제재할 수도 없었는데, 앞으로는 반드시 제재해야겠군요. 그래야 안전사고를 막을 수 있으니까. 안전사고 안 나는 게 제일 중요하죠.

맞습니다. 체험프로그램 진행에서 가장 조심하고 집중해야 하는 것이, 바로 안전사고 발생을 막고, 예방하는 겁니다. 안전사고가 발생하면 그날 진행한 체험프로그램은 완전히 망치게 되고, 심지어는 심각한 손해배상에 직면할 수 있습니다. 자나 깨나 불조심이 아니라, 체험농장이나 교육농장 그리고 치유농장에서는 자나 깨나 안전사고 조심입니다.

바) 시간 안내

여섯째, 시간 안내입니다. 체험프로그램의 주진행자는 체험객들에게 시간을 안내해 주어야 합니다. 10분 동안 잘 익은 레몬 열매를 수확하는 체험을 할 때, 체험객들은 10분이라는 시간을 정확하게 인지하지 못하거나, 지키지 않는 경우가 있습니다.

대부분 체험객은 체험활동이 재미있으면, 시간 가는 줄 모르고, 체험활동에 푹 빠지게 됩니다. 따라서 체험프로그램의 주진행자가 주기적으로 시간 안내를 해 주어야 합니다. 약속된 체험프로그램 운영시간을 지키는 것이 중요합니다. 체험객들에게도 사전에 예약된 대로 체험프로그램을 마치는 것이 중요합니다. 체험활동에서 시간이 지체되면, 전체적인 체험프로그램 시간이 늘어날 수 있기 때문입니다.

따라서 체험프로그램의 주진행자는 체험활동의 시간을 체크하면서, 체험객들에게 주기적으로 시간을 공지하고, 정해진 시간 내에 체험활동을 마치도록 안내해야 합니다. 10분 동안 체험활동을 하면 7분이 지난 뒤에 3분이 남았다는 공지를 하고, 15분 동안 체험활동을 하면 10분이 지난 뒤에 5분 남았다는 공지를 하고, 20분 동안 체험활동을 하면 15분이 지난 뒤에 시간 공지를 해서 5분이 남았고, 남은 5분 동안 체험활동을 끝내도록 안내해야 합니다.

레몬 체험농장이나 교육농장에서 10분 동안 잘 익은 레몬열매를 수확하는 체험을 하는 경우를 가정해 보겠습니다. 레몬 수확 체험 시간이 7분이 지났을 경우 주진행자는 "선생님들, 잘 익은 레몬열매 수확 체험 시간이 3분 남았습니다. 아직도 잘 익은 레몬 못 따신 분들은 3분 안에 마무리해 주세요. 수확 다 마친 분들은 못 한 분들 도와주셔도 되고, 여기 야외용 탁자에 와서 잠시 휴식을 취하셔도 됩니다. 3분 뒤에 레몬 수확 체험 끝내겠습니다."와 같이 시간 공지를 체험객들에게 안내해야 합니다.

체험농장과 체험프로그램, 어떻게 준비하고 운영할 것인가

사) 후속활동 재안내

일곱째, 후속 활동 재안내를 해야 합니다. 체험프로그램의 주 진행자는 체험객들에게, 체험을 다 마치고 난 뒤에 해야 하는 후속활동에 대해 다시 안내해 주어야 합니다. 육하원칙에 따라서 체험활동 시간 공지와 함께, 후속활동을 다시 안내하는 것도 꼭 필요합니다. 체험활동의 순서와 방법을 안내할 때, 후속활동을 한번 안내하였지만, 체험객들은 체험에 집중하느라 후속 활동을 기억하지 못하는 경우가 많기 때문입니다.

후속활동 안내는, 정해진 시간 내에 체험활동을 종결하는 것을 촉진하고, 체험객들에게 체험활동 이후의 활동을 인지하게 함으로써 체계적인 체험활동을 수행하게 만듭니다.

올리브농장에서 체험객들이 올리브잎을 수확하는 체험을 한다고 가정해 봅시다. 올리브잎을 수확하는 체험활동 시간이 10분인데, 7분이 지났을 경우 체험활동 시간이 3분 남았다는 시간 공지와 함께, 3분 뒤에는 어떤 후속활동을 하는지를 안내해야 합니다. 올리브잎 수확에 집중하고 있는 체험객들에게 "선생님들, 올리브잎 수확 체험이 3분 남았습니다. 아직 올리브잎 수확을 다 하지 못한 분들은 3분 안에 마무리해 주세요. 3분 뒤에는 올리브잎 수확 체험을 끝내겠습니다. 그리고 3분 뒤에는 팀별로 모여서 수확한 올리브잎을 한 바구니로 모은 뒤에, 선별하는 작업을 진행하겠습니다. 아시겠죠? 팀장님들은 3분 뒤에 팀원들을 인솔해서 여기 야외용 탁자로 오세요."라고 시간 공지와 함께, 후속활동을 안내해야 합니다.

후속활동 안내를 남은 시간 공지할 때 같이 해야 하는군요. 맞아요, 그렇게 하면 정해진 시간 내에 체험도 끝내고, 곧바로 다음 체험활동도 할 수 있어서 좋겠네요. 남은 시간 공지와 후속활동 안내, 꼭 필요하네요.

6) 정리와 소감

체험을 다 마치고 나면, 무엇을 해야 하나요? 체험객들 데리고 실내체험장으로 이동하면 되는 건가요?

체험을 끝낸 뒤에, 실내체험장으로 이동해야 하지만, 그 전에 반드시 해야 할 일이 있습니다. 바로 체험활동에 대한 '정리와 소감'을 물어보아야 합니다. 실내교육장으로 들어가기 전, 체험활동을 했던 실외체험장 즉 레몬재배하우스와 같은 농업공간에서 체험활동과 관련한 정리와 소감 나누기를 해야 합니다.

사용한 도구 정리 예 (대구목장)

체험농장과 체험프로그램, 어떻게 준비하고 운영할 것인가

가) 소감 묻고 공유하기

체험활동을 종료한 후, 실외체험장에서 곧바로 체험객들에게 소감을 묻고 공유하기를 해야 합니다. 실외체험장 즉 레몬재배하우스나 올리브정원과 같은 농업공간에서 체험객들에게 소감을 물으면, 아주 생생한 소감을 들을 수 있기 때문입니다. 막 체험활동을 끝낸 체험객들의 따끈따끈한 소감을 듣는 행복한 시간을 맛볼 수 있습니다. 체험객들의 소감을 다른 체험객들과도 고유하게 유도하는 것이 필요합니다.

"우리 가족 분들 레몬재배하우스에서 잘 익은 레몬을 수확해 보시니까, 어떠세요? (기분이 너무 좋아요. 마트에서 산 레몬보다 100배는 싱싱하고 향이 좋아요. 제가 직접 딴 거라 아주 마음에 들어요.) 감사합니다. 우리 가족분들의 소감을 들으니 우리 농장의 레몬나무도 행복할 것 같네요. 더 열심히 농사지어야겠네요."와 같이 체험객들에게 소감을 묻고, 소감에 대해 적절한 피드백을 하면서 다 같이 체험 소감을 현장인 농업공간에서 공유할 때, 체험객들의 만족도는 높아집니다.

농작물이 있는 현장, 농업 공간에서 생생하고 따끈따끈한 소감 묻기와 공유하기 아주 좋네요. 저도 꼭 체험 끝내고, 그 자리에서 체험객들에게 소감 묻고 다 같이 공유하기를 해야겠네요.

나) 결과물과 도구 정리

먼저 체험활동을 하면서 사용하였던 도구를 반납하고 정돈하게 해야 합니다. 전정가위와 바구니 그리고 장갑과 밀짚모자를 받아서 체험활동을 했다면, 이 도구들을 반납하고 정돈하도록 안내해야 합니다.

"선생님들, 레몬 수확 체험이 끝났으니, 사용하였던 도구 반납해 주세요. 먼저 전정가위는 제 앞에 있는 이 함에 모두 넣어주세요. 그리고 장갑은 벗어서 제 옆에 있는 바구니에 넣어주세요. 밀짚모자는 팀별로 모아서 선반 위에 반납해 주세요. 제 도움이 필요하면 말씀하세요."라고 체험활동 결과물과 사용한 도구를 정리하도록 안내해야 합니다.

체험활동의 결과물을 체험객들이 잘 가져가도록 포장하거나, 나누는 정리 작업을 안내해야 합니다. 레몬 수확 체험을 한 경우 체험객들은 레몬을 검은 비닐봉지에 담아가는 것보다는 체험농장이나 교육농장 그리고 치유농장에서 준비한 포장재에 포장해서 가는 것을 더 선호하고, 우수하다고 평가합니다.

체험객들에게 "자, 선생님들이 정성을 다해서 수확한 레몬은 한 분당 2개씩 포장해서 가져가시면 됩니다. 제가 레몬 2개를 포장하는 팩과, 팩을 담아서 갈 종이가방을 나누어 드리겠습니다. 천천히 포장하고 담으세요. 남은 레몬은 바구니에 모아서 저한테 주시면 됩니다."라고 체험결과물을 가져가기 위한 포장과 나누기 정리 작업을 안내해야 합니다.

체험농장이나 교육농장 그리고 치유농장에서는 검은 비닐봉지에 수확한 농작물을 담아가는 것을 지양하는 것이 좋습니다. 환경을 살리기 위해 검은 비닐봉지 사용을 줄이는 것과 동시에, 체험농장이나 교육농장 그리고 치유농장만의 친환경 포장재를 제공함으로써 서비스의 품질을 올릴 수 있기 때문입니다. 농작물 포장재는 친환경 재질로 만드는 것이 좋습니다.

네, 맞아요. 저도 검은 비닐봉지에 체험한 농작물 담아주는 것 아주 싫어합니다. 싸구려 느낌이고, 환경 문제도 있고요. 농장의 이름과 로고가 세련되게 인쇄된 포장재에 체험한 농작물을 담아가는 것이 훨씬 대접받는 느낌이더군요.

7) 전체적인 평가와 피드백

체험객들이 체험한 결과물을 정리하고, 체험객들의 소감을 들은 다음에는 무엇을 하나요? 체험객들 모시고, 실내체험장으로 이동하면 되는 거죠?

빨리 실내체험장으로 인솔하고 싶지만, 그 전에 반드시 해야 할 일이 또 있습니다. '전체적인 평가와 피드백'입니다. 체험객들에게 체험결과물과 도구를 잘 정리하게 하고, 체험 소감을 들은 뒤에 해야 하는 마지막은, 주진행자가 체험객들의 체험활동에 대해 '전체적인 평가와 피드백'을 해 주는 겁니다.

체험한 것에 대해 평가해 주면, 체험객들이 건방지다고 하지 않을까요? 또 체험객들에게 체험을 잘 못했다고 하면 기분 나빠하거든요. 그래서 저는 다 잘했다고 평가하고 끝내거든요. 전체적인 평가를 하고 피드백까지 하라는 게 무슨 말인지 자세하게 설명해 주세요.

전체적인 평가는, 체험객들의 잘못된 체험활동을 하나씩 지적하라는 것이 아닙니다. 체험객들은 레몬이나 올리브를 재배하는 농부들로부터 오늘 본인들이 한 체험활동에 대해 긍정적인 평가와 지지를 받고 싶어 합니다. 피드백이라고 하면, 오늘 체험활동의 결과를 바탕으로 해서 다음 체험활동으로 확산하게 만들거나, 체험객들의 바람직한 체험활동이 이러한 결과를 만들어 냈다고 정리해 주는 것을 말합니다.

레몬 체험농장이나 교육농장 그리고 치유농장에서 잘 익은 레몬열매를 골라서 수확하는 체험을 전부 마쳤다고 가정해 보겠습니다. 레몬 수확 체험을 끝내고, 주진행자가 체험객들에게 소감을 묻고, 체험객들과 공유를 한 뒤, 수확한 레몬을 포장하고, 도구들을 반납하는 것까지 끝낸 다음에 체험객들에게 오늘 경험한 레몬 수확 체험에 대해 전체적으로 평가하고 피드백을 해 주면 됩니다.

체험객들에게 "선생님들, 오늘 4가족이 잘 익은 레몬 수확 체험을 하셨는데, 4가족 모두 잘 익은 레몬만 수확해 주셨습니다. 레몬농부인 저의 안내를 아주 잘 들으셨네요. 그리고 레몬나무 가지가 찢어지는 일도 없었고, 안전사고도 없었습니다. 우리 농장의 레몬나무가 아주 행복해하겠네요. 잘 익은 레몬을 골라서 수확하는 체험을 해 보시니까, 레몬농부가 된 것 같나요? 오늘 레몬 수확 체험하시면서 배우고 경험한 전정가위 사용법은 다른 과일 수확 체험에도 많은 도움이 될 겁니다. 모두 수고하셨습니다."와 같이 체험활동에서의 긍정적인 면을 높게 평가해 주고, 체험활동의 경험이 다른 활동에 적용될 수 있다는 피드백을 해 주면 됩니다.

체험객들이 저의 평가를 기다리고 있었네요. 저는 그것도 모르고, 그냥 수고하셨다고만 했거든요. 앞으로는 체험활동에서 잘한 점을 아주 높게 평가해 주고, 체험객들의 반응도 피드백해 주겠습니다.

전개 단계의 전체적인 순서와 프로세스는 아래와 같이 3단계로 진행됩니다. 전개 단계를 세부적으로 나면 아래 표 두 번째 칸과 같이 7단계로 진행됩니다.

한 눈에 보는 전개 단계

전체 전개 단계: 체험활동 안내 – 체험활동 수행 – 정리와 피드백

세부 전개 단계: 체험대상 농작물의 특성 안내 – 체험활동 순서와 방법 안내 – 시범보이기 – 준비물과 도구 나누어주기 – 체험객들의 체험활동 수행 – 체험활동 수행 후의 정리와 소감 – 전체적인 평가와 피드백

체험활동 수행의 단계 : 체험활동 공간의 범위 확정과 재안내 – 체험객들과의 상호작용과 친밀감 형성 – 체험객들의 다양한 질문에 대한 성실한 응답 – 체험활동 수행에서의 농작물 관리 – 체험객들의 안전사고 방지와 안전관리 – 체험활동 시간 안내 – 체험활동 후 후속활동 재안내

체험프로그램 진행에서 체험객들의 마음을 열고 높은 호응을 얻기 위해 적용해야 할 전개 단계에서 진행기법은 다음과 같습니다.

체험프로그램 진행 : 전개 단계의 진행기법

- 체험객의 호기심을 자극하도록 체험대상 농작물의 특성을 소개하라!
- 육하원칙으로 체험활동 순서와 방법을 안내하라!
- 체험객이 정확하게 이해하도록 시범을 보여라!
- 사전에 체험도구와 준비물을 나누어주지 마라!
- 모둠장이나 팀장에게 체험도구와 준비물을 나누어주어라!
- 체험활동의 공간과 범위를 정확하게 안내하라!
- 체험객들과 상호작용을 하고 친밀감을 형성하라!
- 체험객들의 다양한 질문에 대해 성실하게 답을 하라!
- 체험활동에서 농작물을 관리하라!
- 체험객들의 안전사고를 방지하고 안전관리에 항상 집중하라!
- 체험활동 진행 시간을 정확하게 안내하라!
- 체험객들에게 후속활동에 대해 재안내하라!
- 체험목표와 체험활동에 대해 피드백하라!
- 체험객들에게 소감을 묻고 나누어라!
- 체험객들에게 결과물과 도구를 정리하게 하라!
- 체험객들의 체험활동에 대해 긍정적인 평가와 피드백으로 하라!

2.3 마무리 : 마무리는 전부이다!

시작이 반이라면, 마무리는 전부입니다. 그만큼 마무리를 잘 해야 한다는 의미입니다. 도입과 전개까지 잘 진행하였는데, 마지막 마무리가 부족하다면 체험객들에게 좋은 인상을 줄 수 없습니다. 마무리는 체험객들이 집으로 가기 직전에 진행되는 사항이라서 기억에 선명하게 남거든요.

제가 들었던 마무리 사례를 하나 말씀드리죠. 택배 작업을 빨리 마무리해야 하는 상황이어서, 체험교육농장의 주진행자가 천천히 체험결과물을 포장하고 있는 체험객들에게 "빨리 집에 가고 싶으시죠. 오늘 체험 마치겠습니다. 우리 아들딸들도 엄마·아빠 말 잘 듣고, 공부 열심히 하세요. 조심해 가세요."라고 급하게 마무리했답니다. 체험객들은 이 말을 듣고, 빨리 농장에서 나가라는 말로 오해를 해서 체험결과물을 서둘러 챙겨서 나왔다고 합니다. 당연히 체험객들의 반응을 좋지 않았고, 심지어 불쾌감을 느낀 체험객도 있었다고 합니다.

또, 도입과 전개까지 잘 진행해 놓고 주진행자가 체험객들에게 "시골 농장에 와서 체험하시니까 불편한 점이 많았죠? 저도 열심히 한다고 했는데, 마음에 들지 않은 점이 많았을 겁니다. 저희 체험교육농장이 개선해야 할 시설도 많이 있는데, 형편이 넉넉지 않다 보니 아직 전체 리모델링 못 했습니다. 많은 양해 바랍니다. 이상 오늘 체험 모두 마치겠습니다."라고 말해서, 앞서 경험하였던 체험프로그램의 우수하고 빛난 점이 오히려 퇴색되었다고 합니다.

고객의 특성을 정확하게 파악하지 못한 마무리를 해서 체험객들로부터 원망을 들은 경우도 있습니다.

초등학교 6학년 학생들이 체험교육농장에 왔는데, 체험프로그램을 모두 마친 뒤 주진행자가 6학년 학생들에게 "자, 오늘 체험 마치겠습니다. 학교 가서 선생님 말씀 잘 듣고 공부 열심히 하세요. 공부 못하면 저처럼 되는 겁니다."라고 마무리했는데, 6학년 학생 한 명이 "왜, 공부 열심히 해야 하는데요? 선생님이 어때서요?"라고 반문해서 갑자기 마무리 분위기가 싸늘해진 경우도 있었다고 합니다.

아, 박사님이 말씀해 주신 사례를 듣고 보니, 마무리도 참 어렵네요. 마무리를 대충 해서는 안 되겠네요. 저도 바쁠 때는 마무리를 막 서둘러서 하거든요. 반성하고 고쳐야겠습니다.

마무리 단계에서는 크게 3가지를 진행해야 합니다. '체험활동 총정리, 소감문 작성, 마무리 인사'입니다. 마무리 단계에서 진행해야 하는 3가지를 하나씩 설명해 드리겠습니다.

1) 체험활동 총정리

첫째, 체험활동을 전체적으로 정리해 주어야 합니다.

체험활동을 총정리 하는 것은, 체험활동의 결과물이나 도구를 정리하고 정돈하는 것이 아닙니다. 체험객들을 실내체험장으로 인솔해서, 자리에 앉게 한 뒤, 오늘 진행한 체험프로그램의 주제와 체험목표를 다시 한 번 더 상기시켜 주면서, 보람 있었던 체험활동의 순간을 떠올리게 유도해야 합니다.

모든 체험객이 실내체험장에 들어와서 자리에 앉았을 때, 체험프로그램을 진행하였던 주진행자는 체험객들과 눈맞춤을 하고 나서 오늘 진행한 체험프로그램의 주제와 체험목표를 다시 언급하면서 전체적인 느낌을 묻고, 체험프로그램의 주제로 총정리를 해 주면 됩니다.

"레몬농장에서의 체험프로그램을 마무리할 시간이 되었습니다. 많이들 아쉬우시죠? (네.) 저도 매우 아쉽습니다. 오늘 선생님이 참여하였던 체험프로그램의 주제 기억나시나요? (아뇨.) 여기 보시면, 오늘 체험프로그램의 주제는 '힐링 레몬브런치'였습니다. 그래서 3가지를 체험했습니다. 첫째, 레몬재배하우스에서 잘 익은 레몬 수확하고, 레몬드레싱 만들기. 둘째, 키친가든에서 브런치용 농작물 수확하여 샐러드와 홍감자구이 만들기. 셋째, 힐링 레몬브런치를 만들어서 행복하게 맛보며 힐링 느끼기. 오늘 어떠셨나요? (좋았어요. 재미있었어요.) 힐링이 되셨나요? (네. 힐링이 되었어요.) 힐링 레몬브런치가 선생님들에게 힐링을 주었나요? (네. 아주 힐링 되었어요.)"와 같이 체험객들에게 체험프로그램의 주제와 체험목표를 상기시켜 주고, 체험객들에게 전체적인 느낌을 묻고, 다시 체험객들의 소감에 대한 답을 체험프로그램의 주제로 매듭지어 주는 총정리를 해주면 됩니다.

알겠습니다. 총정리라는 게 수확한 농작물 포장하고, 사용하였던 도구 반납하고, 집으로 갈 준비를 하는 게 아니라, 체험프로그램의 모든 내용을 총정리해 주는 거네요. 체험객들에게 체험프로그램의 주제와 체험목표를 상기시켜 주는 것이 체험활동 총정리이군요.

이렇게 체험활동에 대해 총정리를 해 주면 아주 체계적으로 체험프로그램을 마무리하게 되는 것 같아요. 앞으로 저도 체험활동 총정리를 해야겠네요.

2) 소감문 작성

둘째, 소감문을 작성하게 해야 합니다.

현장 체험학습을 하러 온 학생들도 아닌 성인들에게까지 소감문을 작성하게 해야 하는가에 대해 의문을 제기하는 분들이 많습니다. 결론적으로 말씀드리면, 성인이나 가족 체험객들에게도 소감문을 작성하게 안내하는 것이 좋습니다. 다만 소감문 작성에서 너무 큰 부담을 주지 않고, 가볍게 소감문을 작성하도록 유도하고 안내하는 것이 좋습니다.

왜냐하면 소감문을 작성하게 되면, 체험객들이 경험한 여러 가지 체험활동의 내용이 정리되고, 객관적으로 체험활동을 평가할 수 있으며, 체험활동에서의 좋은 추억과 경험을 남기게 됩니다.

마무리 단계에서 체험객들이 작성한 소감문은 체험농장이나 교육농장 그리고 치유농장의 중요한 콘텐츠가 되며, 나아가 체험농장이나 교육농장 그리고 치유농장의 역사가 됩니다.

마무리 단계에서 체험객들에게 오늘 참여한 체험프로그램의 보완할 점이나 고쳐야 할 점을 묻는 것보다, 소감문을 통해 파악하는 것이 훨씬 더 효과적이기 때문입니다.

체험객들에게 소감문 작성을 요청하기 위해서는 미리 소감문 양식을 준비해 놓아야 합니다. 체험교육농장의 성격에 따라 적합한 소감문 양식을 필기도구와 함께 체험객들에게 나누어 주고 소감문 작성을 부드럽게 부탁하면, 대부분이 체험객들은 성실하게 소감문을 작성해 줍니다.

"레몬 수확 체험을 처음 해보셨다고 하는 분들이 대부분인데, 과연 저희 체험프로그램이 여러 선생님에게 어떠하였는지 제가 아주 궁금합니다. 제가 소감문 종이를 한 장씩 나누어 드리겠습니다. 오늘 체험하면서 느낀 점이나 좋았던 점 그리고 혹시 고쳐야 할 점 있으면 아주 편하게 작성해 주세요. 길게 쓰지 않으셔도 됩니다. 시간은 3분 드리겠습니다."라고 주진행자가 체험객들에게 소감문 작성을 안내하면 됩니다.

아래의 소감문 양식은 치유농장에서 치유농업프로그램을 마치고 나서, 작성하는 소감문 양식과 농촌교육농장에서 교육프로그램을 마치고 나서 학생들이 작성하는 소감문 양식입니다.

물론 체험프로그램을 진행하는 시간이 초과되어서 소감문을 작성할 여유가 없을 때는 체험객들에게 전체적인 소감을 묻는 것으로 대신하는 것이 바람직합니다.

학생들의 현장체험학습이나 자유학기제 진로직업체험프로그램에서는 소감문을 작성하는 시간적 여유가 없을 때, 인솔 교사에게 소감문 양식을 주고 학교에 돌아가서 소감문을 작성해 달라고 요청하면 됩니다. 학생들의 현장체험학습은 학습의 한 과정이기 때문에 소감문 작성을 생략하는 것은 교육적으로 바람직하지 않기 때문입니다.

치유농장에서도 치유농업프로그램 운영을 모두 마치고 난 뒤, 치유고객들에게 소감문 양식을 나누어주고 전체적인 소감을 기록하도록 안내하는 것이 바람직합니다. 물론 글을 못쓰는 노년층 고객이 많을 때에는 생략하면 됩니다. 또 치유농업프로그램에 대한 전체적인 평가를 위해서는 설문지를 개발해서 치유고객들에게 나누어주고, 설문지를 작성하도록 안내하면 됩니다.

의령군 <가가홀스>에서 치유농업프로그램을 경험하고 난 소감을 자유롭게 써 주세요.

<휴라파농장>에서 교육프로그램을 경험하면서 보고, 듣고, 느낀 점을 자유롭게 써 주세요.

소감문 작성을 하는 것이 좋군요. 저는 글 쓰는 것이 싫어서 그동안 소감문 작성을 하지 않고, 체험객들에게 말로 소감 물어보고, 끝냈습니다. 체험객들에게 말로 소감을 물어보니, 주저하는 분들도 많고, 똑같은 소감을 말하는 분들도 많았습니다. 무엇보다 택배 보내고 나서, 며칠 뒤에 체험프로그램에 대한 보완을 위해 체험객들이 말한 소감과 지적한 사항을 생각해 보면, 하나도 떠오르지 않거든요. 소감문으로 작성하면, 1달 뒤에도 보고, 1년 뒤에도 보고, 5년 뒤에도 볼 수 있어서 좋네요.

앞으로 체험프로그램을 마치고 나서 소감문 작성을 꼭 하도록 하겠습니다. 체험농장이나 교육농장 그리고 치유농장을 잘 운영하는 선배님들 농장에 가 보면, 책자 형태로 묶어놓은 수십 권의 소감문이 있어서, 내심 부러웠습니다.

3) 마무리 인사

셋째, 마무리 인사를 해야 합니다.

체험프로그램을 모두 종결한 뒤, 대부분의 주진행자는 마무리 인사를 합니다. "수고하셨습니다. 마치겠습니다.", "오늘 여러 가지가 미비한 농장에서 체험하느라 수고 많으셨습니다.", "수고하셨습니다. 조심해서 가시고, 또 놀러 오세요.", "수고하셨습니다. 안녕히 가세요. 저희 집 레몬 필요하시면 전화 주세요." 등과 같은 마무리 인사가 현재 체험교육농장의 주진행자들이 가장 많이 하는 인사말입니다.

체험프로그램을 모두 마치고, 집으로 돌아가는 체험객들에게 위와 같은 마무리 인사는 체험농장이나 교육농장 그리고 치유농장에 대한 강한 인상을 심어줄 수 없는 평범한 마무리 인사입니다.

체험객들에게 강한 인상을 심어주고, 체험객들을 우리 농장의 소비자와 고객으로 만들기 위해서는 마무리 인사도 철저하게 준비해서 해야 합니다.

마무리 인사는 다른 체험농장에서 하는 상투적인 표현에서 벗어나는 것이 중요합니다. 그리고 무엇보다 주진행자의 진실한 마음과, 농부로서 성실하게 살아왔던 삶의 한 조각을 담는 것이 필요합니다. 엉뚱하게 들릴지 모르지만, 농부의 농업철학을 담은 마무리 인사를 해야 합니다.

농업철학을 담은 마무리 인사를 해야 한다고요. 레몬이나 올리브 농사하는 농부가 철학자도 아닌데, 어떻게 농업 철학을 담은 말을 할 수 있을까요? 어려워서 못 합니다. 못해요.

제가 농업 철학을 담은 마무리 인사라고 해서 너무 부담을 느끼셨는데, 전혀 어렵지 않습니다. 평상시 농작물을 재배하거나 농사를 하면서 생각하고 느꼈던 점을 마무리 인사에 넣으면 됩니다. 예를 들어 레몬을 재배하면서 우리 집 레몬을 소비자들이 먹고 피로가 많이 풀렸으면 좋겠다고 생각하면, 바로 그 내용을 마무리 인사에 담아서 말하시면 됩니다.
"오늘 제가 정성껏 키운 레몬을 2개씩 가져가시는데, 저의 땀과 마음이 담긴 레몬으로 레몬음료를 만들어서 드시고, 피로가 풀리는 삶이 되기를 바랍니다. 저는 항상 우리 농장의 레몬이 소비자들의 피로회복제가 되기를 바라면서 레몬을 키우고 있습니다. 이상으로 레몬을 주제로 한 체험프로그램을 모두 마치겠습니다. 감사합니다."와 같은 마무리 인사를 하면 됩니다.

마지막으로 체험프로그램 진행의 세 단계 가운데 세 번째인 마무리 단계의 순서는 다음과 같습니다.

한 눈에 보는 마무리 단계

체험활동 총정리 – 소감문 작성 – 마무리 인사

치유농장: 체험활동 총정리 – 스트레스지수 또는 혈압 사전 측정 – 소감문 작성 또는 소감 나누기 – 마무리 인사

체험프로그램 진행에서 체험객들에게 강한 인상을 주면서, 체험객들의 만족도를 높이고 재방문을 이끌어내기 위한 마무리 단계의 진행 기법은 다음과 같습니다.

체험프로그램 진행 : 마무리 단계의 진행기법

- 마무리는 전부이다! 마무리 단계에서 체험객들에게 강한 인상을 주어라!
- 체험프로그램의 주제와 체험목표를 상기시켜라!
- 소감을 나누거나 소감문을 작성하게 하라!
- 상투적인 마무리 인사를 하지 마라!
- 농부의 삶이 담긴 농업철학적 메시지를 마무리인사로 던져라!
- 장황한 부연설명을 마무리에 덧붙이지 마라!
- 여러 가지 변명을 마무리인사에 덧붙이지 마라!

체험농장과 체험프로그램, 어떻게 준비하고 운영할 것인가

체험프로그램에서
워크북은 어떻게
활용하면 되나요?

3 체험프로그램에서 워크북은 어떻게 활용하면 되나요?

학생들 대상으로 체험프로그램을 진행할 때 워크북을 사용하면 아주 편하다고 하던데요, 사실인가요? 반대로 어떤 체험농장이나 교육농장에서는 워크북 사용이 오히려 불편하다고 하고, 워크북 없이 체험 진행하는 게 편하다고 하고요.

그리고 학생들 대상으로 체험프로그램을 진행할 때 워크북을 꼭 써야만 하나요? 워크북 없이 그냥 말로 진행하면 안 되나요?

네, 학생들을 대상으로 체험프로그램을 진행할 때 워크북을 사용하면 편할 수도 있고, 그렇지 않을 수도 있습니다.

우리 초보농부 선생님은 워크북도 알고 계시네요. 워크북이라는 것을 알고 있는 것만으로도 아주 훌륭합니다. 워크북을 잘 활용하면 학생들을 대상으로 체험프로그램을 효과적으로 진행할 수 있습니다.

다양한 워크북 예시

먼저 워크북이 무엇인지, 워크북의 개념부터 알아보겠습니다.

관찰

기록

인터뷰

조사

토의

미션수행

만들기

　체험프로그램에서 사용하는 워크북은, '체험활동을 수행하는 학습자들이 체험농장 농업인 교사의 도움 없이 스스로 체험활동을 할 수 있도록 길잡이로 만든 안내서'입니다.
　더 구체적인 워크북의 개념은, '체험농장이나 교육농장에서 체험프로그램에 참여한 학생들이 조사, 기록, 관찰, 인터뷰, 토의, 만들기, 미션 수행 등 다양한 체험활동을 수행할 때 학생들의 자기주도적 체험활동 수행을 위해 길잡이로 만든 자료나 안내서'입니다.

체험농장과 체험프로그램, 어떻게 준비하고 운영할 것인가

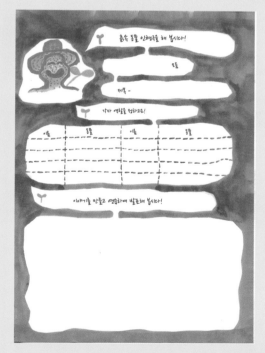

책자 행태 이루어진 워크북 (도적골)

워크북은 책자 형태로 만들어진 안내서이고, 낱장 형태인 것은 워크시트라 하는데 우리말로는 활동지라고 합니다. 워크북은 일반적으로 낱장 형태의 워크시트를 포함하는 개념입니다. 그래서 워크시트나 활동지도 일반적으로는 워크북이라고 불립니다. 워크북이나 워크시트는 일반적으로 학생들의 현장 체험학습에서 사용되는 안내서이자, 자료입니다.

워크북의 개념에서 말했듯이, 일반적으로 워크북은 학생들을 대상으로 하는 체험프로그램에서 사용하는 자기주도적 체험학습 안내서이자 자료입니다.

낱장형태 워크시트
(비파농원)

체험농장과 체험프로그램, 어떻게 준비하고 운영할 것인가

워크북의 개념이, '체험프로그램에 참여한 학생들이 조사, 기록, 관찰, 인터뷰, 토의, 만들기, 미션 수행 등 다양한 체험활동을 수행할 때 학생들의 자기주도적 체험활동 수행을 위해 길잡이로 만든 자료나 안내서'이군요. 저와 같은 농부들에게는 여전히 이해하기 쉽지 않은 개념이네요. 하나씩 그리고 더 구체적으로 언제 워크북을 사용하는지 설명해 주세요.

학생들이 체험프로그램에 참여하였을 때, 워크북을 사용하는 경우를 하나씩 설명해드리겠습니다. 워크북의 개념에 나온 내용을 자세히 살펴보시면 됩니다.

첫째, 조사를 할 때, 워크북을 사용하면 됩니다.
학생들이 체험활동에서 조사할 때, 조사용 워크북을 사용하면 됩니다.
예를 들어 학생들에게 올리브나무의 종류를 알려주고 싶을 때, 보통은 프레젠테이션을 활용해서 올리브농장에서 재배하고 있는 올리브나무의 품종과 유럽에서 많이 재배하고 있는 올리브나무의 품종을 말로 설명하는 방법을 사용합니다. 올리브 체험농장이나 교육농장에서 올리브농부가 학생들에게 말로 올리브나무의 종류인, 품종을 설명해 주는 방법은 아주 쉽게 하는 방법이지만, 교육적으로는 가장 낮은 수준의 접근법입니다. 왜냐하면 말로 올리브나무의 종류를 설명하면, 학생들은 듣는 것으로 끝나기 때문에 올리브나무의 종류를 정확하게 기억하지 못하는 경우가 많습니다.

따라서 올리브 재배 체험농장이나 교육농장에서 올리브나무의 종류를 학생들에게 정확하게 기억하게 하고, 프레젠테이션이 아닌 체험활동으로 진행하고 싶다면, '올리브나무의 종류 조사하기'라는 워크북을 만들어서 학생들에게 나누어 주고, 워크북을 활용해서 올리브나무의 종류를 조사하도록 안내하면 됩니다.

올리브 나무 종류 조사하기		
- OOO체험농장의 올리브 재배하우스에 가서 올리브 나무 종류를 조사해서 기록하세요.		
구조 ＼ 이름		
잎		
줄기와가지		
뿌리		
꽃		
열매		

조사용 워크북 예

체험농장과 체험프로그램, 어떻게 준비하고 운영할 것인가

둘째, 기록할 때, 워크북을 사용하면 됩니다.

체험활동을 통해 조사한 내용을 기록할 때, 기록하기 위한 워크북을 사용하면 됩니다. 앞서 말한 대로 올리브나무의 종류를 조사하기 위해 워크북을 사용했다면, 조사한 결과를 기록하기 위해서도 워크북을 사용해야 합니다. 조사와 기록은 동일한 워크북으로 구성되어야 바람직합니다. 조사만 하고, 조사한 결과를 기록하지 않는다면, 조사를 하였던 체험활동의 의미가 퇴색되고 말기 때문입니다.

따라서 특정 농작물 재배 체험농장이나 교육농장에서, 학생들에게 특정 농작물의 특징을 조사하는 체험활동을 진행하려면, '특정 농작물(OOO)의 특징 조사하기'와 '조사한 특정 농작물(OOO)의 특징 기록하기'로 구성된 워크북을 사용하면 됩니다. 예를 들어 사과 재배 체험농장이나 교육농장에서는, '사과의 특징 조사하기'와 '조사한 사과의 특징 기록하기'로 구성된 워크북을 사용하면 됩니다.

아열대과수 특징 조사하고 기록하기

다양한 아열대 과수의 특징을 조사하고 기록하여 보세요.

아열대 과수명	뿌리	줄기	잎	꽃	열매	기타

기록용 워크북 예

셋째, 학생들이 관찰할 때, 워크북을 사용하면 됩니다.

체험활동에서 관찰 활동을 할 때, 관찰용 워크북을 사용하면 됩니다. 학생들에게 레몬꽃을 관찰하라고 하면, 보통 10초 정도 살펴보고 활동을 끝냅니다. 나중에 학생들에게 레몬꽃의 특징과 구조에 관해 물어보면, 정확하게 대답하지 못하는 경우가 많습니다. 이러한 문제를 방지하기 위해서 관찰용 워크북을 사용하면 됩니다.

즉 '레몬꽃의 특징 관찰하기' 또는 '레몬꽃의 구조 관찰하기'와 같은 워크북을 만들어서, 학생들이 레몬꽃을 관찰하는 체험활동을 할 때 사용하면 됩니다. 당연히 관찰한 내용은 기록해야 합니다. '레몬꽃의 구조 관찰하기'라는 워크북에는, '관찰한 레몬꽃의 구조적 특징 기록하기'라는 항목이 함께 연결되어야 합니다.

넷째, 인터뷰할 때, 워크북을 사용하면 됩니다.

체험활동에서 인터뷰를 할 때, 인터뷰용 워크북을 사용하면 됩니다. 예를 들어서 학생들이 아열대과수 체험교육농장의 대표를 인터뷰한다고 가정해 보겠습니다. 학생들이 아열대과수 체험교육농장의 대표를 그냥 인터뷰하면, 정확한 인터뷰가 진행될 수 없습니다. 인터뷰를 할 때 체험교육농장의 대표에게 묻고 확인할 질문과 내용을 정확하게 정리해서 인터뷰해야, 인터뷰의 목적이 달성됩니다. 따라서 그냥 말로만 인터뷰하게 하지 말고, '아열대과수 체험교육농장의 대표님 약력 소개', '아열대과수 체험교육농장을 하게 된 동기', '아열대과수 체험교육농장을 하는 목적'과 같은 인터뷰 항목을 워크북으로 만들어서, 학생들에게 주고 워크북을 하도록 안내하면 됩니다.

아열대과수체험교육농장 인터뷰

※ 아열대과수체험교육농장을 운영하는 대표님을 만나 아열대과수체험 교육농장 대표가 되기 위해서 중요한 것을 인터뷰해보세요.

아열대과수체험교육 농장 약력 소개	농장주 약력
	농장 연혁
아열대 농사를 짓게 된 이유?	
아열대과수 체험교육농장을 하게 된 동기는?	
아열대과수 체험교육농장을 하는 목적은?	
질문1.	
질문2.	

인터뷰용 워크북 예

다섯째, 토의할 때, 워크북을 사용하면 됩니다.

체험활동에서 토의해야 할 때, 토의용 워크북을 사용하면 됩니다. 즉 학생들에게 어떤 주제에 대해 토의하라고 할 때, 토의용 워크북을 활용하면 됩니다.

학생들에게 체험활동의 하나로 토의를 하라고만 하면, 제대로 된 토의 활동이 진행되지 않을 경우가 많습니다. 이럴 때, 토의를 위한 워크북을 개발해서 워크북을 나누어주고, 토의를 진행하면 다양한 의견을 끌어낼 수 있습니다.

예를 들어 '거제시에서 아열대과수를 재배하는 것은 바람직한가?'라는 주제로 토의용 워크북을 개발해서, 학생들에게 토의용 워크북을 주고, 팀별로 주제에 대해 토의하고 기록하고 토의 결과를 발표하게 한다면, 아주 풍부한 의견을 들을 수 있습니다.

<거제시에서 아열대과수를 재배하는 것은 바람직한가?> 모둠 토의

※ 모둠원끼리 충분히 협력해서 토의를 진행해 보세요.

거제시에서 아열대과수를 재배하는 이유 조사하기 (출처 :)		

거제시에서 아열대과수를 재배하는 것에 대한 모둠 토의하여 결정하기		
모둠원	의견	결정내용

토의용 워크북 예

체험농장과 체험프로그램, 어떻게 준비하고 운영할 것인가

여섯째, 만들기를 할 때, 워크북을 사용하면 됩니다.

무엇인가를 만들기를 할 때, 만들기의 순서와 방법을 정리한 워크북을 활용하면 됩니다. 체험활동의 하나로 만들기를 하면, 학생들에게 만들기를 위한 재료와 순서 그리고 방법을 하나하나 설명해 주어야 합니다. 만들기 체험활동을 위한 워크북을 만들어서 재료, 도구, 순서와 방법을 워크북에 정리한 뒤, 학생들에게 나누어주고, 만들기 체험활동을 진행하면 아주 효과적으로 체험활동을 수행할 수 있습니다.

특정 농작물 재배 체험농장이나 교육농장에서 수확한 농작물을 활용하여 요리 활동할 때도, 워크북인 레시피를 개발해서 사용하면 체계적으로 요리 활동을 진행할 수 있습니다. 만들기용 워크북의 한 종류인 레시피는 학생들뿐만 아니라, 성인과 가족 그리고 단체 고객들을 위해서도 대단히 유용한 워크북입니다. 예를 들어 올리브 재배 체험농장이나 교육농장에서 올리브가랜드를 만드는 활동을 할 때, '힐링 올리브가랜드'라는 워크북을 개발해서 학생들이나 체험객들에게 나누어주고, 올리브가랜드를 만들게 하면 체계적으로 체험프로그램을 진행할 수 있습니다.

힐링 올리브가랜드

재료: 올리브나무 가지, 가랜드 삼각천
도구: 전정가위, 패브릭전용펜, 끈

만드는 순서와 방법
1. 가져온 올리브나무 가지와 재료들을 가지런히 정리한다.
2. 가랜드 삼각천을 펼친다.
3. 천을 보고 머릿속에 나만의 가랜드 디자인을 해본다.
4. 나만의 힐링 메시지를 정한다.
5. 디자인한대로 가랜드 삼각천을 꾸미고
   나만의 힐링 메시지를 적는다.
6. 완성한 가랜드 삼각천은 옆에 놓아둔다.
7. 올리브나무 가지를 원하는 모양, 길이로 다듬는다.
8. 가랜드 천에 있는 구멍에 올리브나무 가지를 넣는다.
9. 올리브나무 가지 양쪽 끝에 끈을 매단다.

만들기용 워크북 예

일곱째, 미션 수행을 할 때, 워크북을 사용하면 됩니다.

미션 수행을 하는 체험활동을 진행할 때, 미션 수행용 워크북을 활용하면 됩니다. 체험활동의 하나로, 학생들에게 일정한 미션을 주고 미션 수행을 체험활동으로 안내하면 학생들은 아주 도전적으로 활동을 수행합니다. 미션 수행을 그냥 말로 안내하는 것보다는 미션 수행 워크북을 만들어서 체험활동에 활용하면 효과가 뛰어납니다.

예를 들어 비파 재배 체험농장이나 교육농장에서, 학생들에게 잘 익은 비파열매를 수확하고, 판매용으로 500그램짜리 팩에 포장하는 미션을 준다고 가정해 보겠습니다. 워크북에 '1) 잘 익은 비파열매 수확하기 2) 500그램 판매용 팩에 포장하기'로 구성된 내용을 개발한 뒤, 미션용 워크북을 학생들에게 나누어 주고 체험활동을 안내하면, 학생들은 영화 '미션 임파서블'처럼 훌륭하게 미션을 수행합니다.

비파열매를 부탁해!

비파열매 500g 주문을 받았습니다.
잘익은 비파를 수확후 포장하여 주문을 클리어 해보세요.

미션 1. 잘 익은 비파열매를 찾아서 수확하라!

1. 잘 익은 비파열매를 찾는 방법을 알아보세요.

2. 잘 익은 비파열매 수확하는 방법을 알아보세요.

3. 비파열매 500g 무게를 어떻게 측정하는 방법을 찾아보세요.

  비파열매 수확하기 위하여
  필요한 도구를 찾아서 비파나무에 가서 수확하세요.

미션 2. 500g 판매용 팩에 포장하라!

1. 500g 판매용 팩에 포장할 때 주의할 점을 생각해보세요.

2. 비파열매가 다치지 않도록 포장하는 방법을 생각하여 포장해보세요.

3. 재구매가 일어날 수 있도록 문구를 적어서 포장을 완성하세요.

미션용 워크북 예

체험농장과 체험프로그램, 어떻게 준비하고 운영할 것인가

이제 언제 워크북을 사용하는지 이해되셨나요?

네, 정확하게 이해되었습니다. 학생들의 현장체험학습이나 창의적체험활동 그리고 중학교 자유학기제 진로직업체험프로그램에서 워크북을 언제, 사용하는지를 전체적으로 이해했어요.

다음으로 제가 궁금한 점은, 그러면 체험프로그램을 진행할 때 워크북을 어떻게 활용하면 되나요? 체험농장이나 교육농장을 운영하는 동료 농부의 말로는 그냥 학생들에게 나누어주면, 학생들이 알아서 척척 한다고 하던데요. 그냥 학생들에게 나누어주면 되나요? 워크북을 활용한 체험활동 진행방법을 알려주세요.

워크북을 그냥 나누어주면 안 됩니다. 그냥 나누어주었는데, 학생들이 알아서 척척 했다는 것은, 학생들이 그만큼 워크북을 활용한 현장체험학습 경험이 풍부하고, 워크북을 활용한 자기주도적 체험학습 능력이 우수하기 때문입니다. 그렇지 않은 학생들은, 왜 워크북을 나누어 주는지, 어떻게 워크북을 활용해야 하는지, 심지어는 워크북을 가지고 무엇을 해야 하는지를 몰라서 가만히 있거나 당황스러워하는 경우도 있습니다.

이제, 학생들을 대상으로 한 체험프로그램 진행에서 워크북을 활용한 체험활동 안내 방법을 설명해 드리겠습니다. 잘 듣고, 정확하게 이해한 뒤에, 제가 가르쳐드린 방법대로 체험프로그램에서 워크북을 활용해 보세요.

네, 알겠습니다. 워크북을 그냥 나누어 주기만 하면 되는 것이 아니군요. 집중해서 듣고 이해하도록 하겠습니다. 자세하고 구체적으로 설명해 주세요.

학생들을 대상으로 체험프로그램을 진행할 때, 워크북을 활용한 체험활동은, 다섯 단계로 나누어서 안내하면 됩니다. 5단계 접근법이라고 볼 수 있죠. 체험프로그램에 참여한 학생들에게 워크북을 나누어 주고, 체험활동을 수행하도록 하기 위해서는, 다섯 단계로 구분해서 워크북 활용에 대해 안내해야 한다는 것입니다.

학생들을 대상으로 한 워크북 활용 체험활동은, '워크북 활용 안내 -> 워크북 나눠주기 -> 워크북 역할 나누기 -> 워크북 기록과 정리 -> 워크북 발표와 평가'라는 다섯 단계로 진행하면 됩니다.

워크북 활용 체험활동의 세부 단계

'워크북 활용 안내 -> 워크북 나눠주기 -> 워크북 역할 나누기 -> 워크북 기록과 정리 -> 워크북 발표와 평가'

그냥 학생들에게 워크북 나누어 주고, 워크북 작성하라고 하면 안 되고, 다섯 단계로 진행해야 한다는 거네요. 다섯 단계의 워크북 활용 체험활동 진행 방법을 자세하게 설명해 주세요.

체험농장과 체험프로그램, 어떻게 준비하고 운영할 것인가

학생들을 대상으로 하여 워크북을 활용하여 체험활동을 진행하려면 가장 첫 단계는 워크북을 어떻게 활용하는지에 대해 정확하게 안내하는 겁니다. 워크북 활용 방법을 학생들에게 정확하고 구체적으로 안내하지 않고, 워크북만 나누어주면, 학생들은 워크북을 어떻게 활용해야 할지를 몰라서 많이 고민하게 됩니다.

워크북을 활용하는 방법에 대한 안내는, 체험활동 순서와 방법 안내에서처럼 육하원칙을 적용해서 안내하면 됩니다.

워크북으로 어디에 가서, 팀원들이 협력해서, 무엇을 해야하고, 어떻게 해야 하며, 언제까지 해야 하고, 활동을 마친 뒤에는 무엇을 해야 하는지를 정확하고 구체적으로 안내해야 합니다.

비파를 재배하는 체험농장이나 교육농장에 초등학교 고학년 학생들이 현장 체험학습을 하러 왔다고 가정해 보겠습니다. 비파농부인 주진행자가 학생들에게 잘 익은 비파열매를 수확하고, 수확한 비파열매를 선별해서, 비품용으로는 비파잼을 만드는 체험활동을 하려고 합니다. 비파농부인 주진행자가 학생들을 데리고 다니면서, 한 단계씩 말로 체험활동을 진행할 수도 있지만, 워크북을 활용하면 아주 효과적이고, 효율적으로 체험활동을 수행할 수 있습니다.

"지금부터 친구들에게 미션을 주겠어요. 미션은 잠시 뒤에 모둠장에게 나누어 줄 워크북에 나와 있듯이 2가지입니다. 첫째, 비파정원에 가서 잘 익은 비파열매를 수확하는 것입니다. 둘째, 수확한 비파열매를 선별하는 것입니다. 판매용 비파열매와, 흠집이 나거나 판매할 수 없는 비파열매를 골라내는 것입니다. 비파열매를 수확하는 장소, 그리고 시간, 챙겨 갈 도구, 수확 기준, 선별 기준은 워크북에 자세히 나와 있습니다. 초등학교 고학년이니까, 워크북을 정확하게 읽으면 이해되겠죠? 미션 수행이 끝나면 모둠별로 결과물을 가지고, 이곳으로 오시면 됩니다. 미션 시작하세요."와 같이 학생들에게 워크북으로 '누가, 언제까지, 어디에서, 무엇을, 어떻게, 왜'라는 육하원칙에 따라서 안내하면 됩니다.

3.2 워크북 나눠주기

학생들을 대상으로 하여 워크북을 활용하여 체험활동을 진행할 때, 두 번째 단계는 워크북을 학생들에게 나누어 주는 것입니다.

육하원칙에 따라서 워크북 활용을 정확하게 안내하였다면, 학생들에게 워크북을 그냥 나누어 주기만 하면 끝나는 것 아닌가요?

나누어 주는 것도 방법이 있습니다.

모둠별, 즉 여러 명이 협력해서 체험활동을 하는 모둠별 활동에서는 모둠장에게 워크북과 필기도구를 나누어 줍니다. 중학교 이상에서는 모둠이라는 명칭보다는 팀이라는 명칭을 씁니다. 중학교 이상에서는 팀장에게 워크북을 주면 됩니다.

개인별로 체험활동을 할 때는 모든 사람에게 개별 워크북을 나누어 주면 됩니다. 개인별 체험활동은 체험농장이나 교육농장에서 서로 잘 모르는 개인들을 10명씩 묶어서 체험프로그램을 진행하는 것을 말합니다.

가족 단위 고객일 경우에는 가족을 대표하는 사람에게 워크북을 나누어 주면 됩니다. 초등학교 자녀를 동반한 가족단위 고객들은, 초등학교 자녀에게 워크북을 나누어주는 것이 좋습니다.

워크북은 종이이기 때문에 들고 다니면서 체험활동을 하기에 아주 불편합니다. 그래서 클립보드라는 판에 종이 워크북과 필기도구를 끼워서 나누어주면 편리합니다. 체험농장이나 교육농장에서는 모둠이나, 팀별로 워크북을 제공하기 위해 클립보드를 최소 5개 이상 구비해 놓아야 합니다. 필기도구는 당연히 준비해야 하는데, 연필보다는 색사인펜을 필기도구로 학생들에게 주는 것이 더 효율적입니다. 연필은 기록하다가 부러질 경우가 종종 있기 때문입니다.

3.3 워크북 역할 나누기

학생들을 대상으로 하여 워크북을 활용하여 체험활동을 진행할 때, 세 번째 단계는 워크북을 활용한 역할을 나누게 하는 겁니다.

워크북을 나누어 줄 때, 모둠원들이 서로 협력해서 체험활동을 하거나, 미션을 수행하라고 안내하지만, 워크북을 모둠장에게 나누어주고 난 뒤에 다시 한 번 더 역할 나누기를 안내하고 강조해야 합니다. 역할 나누기를 정확하게 안내하고, 강조하지 않으면, 모둠장 중심으로 체험활동을 하거나, 아니면 한두 학생들만 체험활동에 집중하고, 나머지 학생들은 체험활동에 적극적으로 참여하지 않는 소외 현상이 발생하기 때문입니다.

비파 재배 체험농장이나 교육농장에서 비파농부인 주진행자가 학생들에게 워크북을 나누어주고 난 뒤에, 역할을 나누어서 워크북의 미션을 수행하라고 다음과 같이 안내하고, 강조해야 합니다.

"자, 친구들 모둠장이 워크북과 필기도구를 받았죠? 그러면 모둠장만 워크북 들고 미션 수행하면 되나요? (아니요.) 네, 모둠장은 모둠원들이 어떤 미션을 맡을 것인지 서로 의논을 해서 역할을 정해야 합니다. 비파열매를 수확할 때, 한 사람당 몇 개씩 수확한다거나, 수확한 비파열매 가운데 상품성이 뛰어난 비파를 고르는 역할과 상품성이 떨어진 역할을 고르는 역할을 나누어야 합니다. 워크북을 기록하는 역할도 필요하네요. 5명이 한 모둠이니까, 역할을 나눈다면 아주 효율적으로 미션을 수행할 수 있어요. 아시겠죠? (네. 알겠습니다.)"

체험농장과 체험프로그램, 어떻게 준비하고 운영할 것인가

3.4 워크북 기록과 정리

학생들을 대상으로 하여 워크북을 활용하여 체험활동을 진행할 때, 네 번째 단계는 워크북에 조사하거나 관찰한 내용을 기록하고 정리하게 하는 겁니다.

워크북을 활용해서 체험활동을 수행할 때, 학생들이 조사하고, 관찰하고, 토의하고, 인터뷰하고, 아이디어를 내고, 기준을 설정한 것에 대해 기록하지 않는다면, 워크북 활용 결과를 정확하게 알 수 없게 됩니다. 따라서 워크북을 활용하는 정확한 안내를 하고, 모둠장에게 워크북을 나누어주고, 모둠원들의 역할을 정하게 안내한 뒤, 워크북의 기록과 정리를 안내하고 강조해야 합니다.

워크북을 활용한 '조사, 관찰, 토의, 인터뷰, 아이디어, 기준 설정'에 대한 기록과 정리는, 워크북을 활용해서 체험활동을 하기 전에도 해야 하지만, 워크북을 활용해서 체험활동을 수행하는 중간에 남은 시간 공지와 함께, 한 번 더 안내하고 강조하는 것이 필요합니다.

비파 재배 체험농장이나 교육농장에서 비파농부인 주진행자가 학생들에게 워크북을 나누어주고 난 뒤에, 역할을 나누어서 워크북의 미션을 수행하라고 안내를 한 뒤, 기록과 정리를 다음과 같이 강조해야 합니다.

"친구들, 이제 모둠장이 워크북을 받았고, 역할을 나누어서 미션을 수행하라고 했어요. 상품성이 뛰어난 비파열매와 상품성이 떨어진 비파열매를 선별할 때, 워크북에 선별기준을 기록하고 정리해 주세요."라고 안내하고, 강조하면 됩니다.

20분 동안 워크북을 활용한 체험활동을 수행하는 가운데, 15분이 지나고 난 뒤 주진행자가 학생들에게 "친구들, 이제 5분 남았어요. 상품성이 뛰어난 비파와 그렇지 않은 비파를 전부 선별하였죠? 선별 기준도 토의해서 작성했나요? 5분 뒤에는 출발지점에 모여서 선별한 것을 소개하고, 선별 기준을 발표해 볼 겁니다. 선별 기준 잘 정리해 주세요."라고 워크북의 기록과 정리에 대해 재안내하고 재강조를 해 주면 됩니다.

3.5 워크북 발표와 평가

학생들을 대상으로 하여 워크북을 활용하여 체험활동을 진행할 때, 다섯 번째 단계는 워크북을 통해 조사하고 관찰한 내용을 발표하게 하는 겁니다.

워크북을 활용해서 체험활동을 하고 난 뒤에, 워크북에 기록하고 정리한 내용을 발표하고, 발표한 내용에 대해 주진행자가 평가를 해 주지 않는다면, 워크북을 활용한 체험활동의 목적과 의미가 달성되지 않기 때문입니다. 반드시 마지막 단계로 학생들의 워크북 활용 결과를 발표하고, 발표한 내용에 대해 평가해 주어야 합니다.

비파 재배 체험농장이나 교육농장에서 비파농부인 주진행자가
학생들에게 워크북을 나누어주고 난 뒤에, 역할을 나누어서 워
크북의 미션을 수행하라고 안내하고, 워크북 활용 결과를 기록
하고 정리하라고 안내하고, 남은 시간 공지를 하고 기록과 정리
를 재안내한 뒤, 체험활동이 종료되었을 때, 학생들을 출발 지점
으로 모이게 한 뒤, 워크북 활용 결과를 발표하게 해야 합니다.

"모둠별로 잘 익은 비파열매를 수확하고, 선별 기준을 세워서
상품성이 뛰어난 비파열매와 그렇지 않은 비파열매 선별 미션
을 잘 수행했어요. 지금부터 모둠별로 선별한 비파를 보여주고,
선별 기준을 발표하는 시간을 갖겠습니다. 어느 모둠부터 나와
서 발표할까? (저희요. 저희요.) 네 그럼 가장 먼저 손을 든 맨 뒤
쪽 모둠부터 나와서 발표를 해 주세요. 모둠원들이 전부 선별한
비파열매를 가지고 나오시고, 선별 기준을 발표 주세요."와 같이
워크북에 기록하고 정리한 내용을 발표하게 안내하면 됩니다.

워크북 발표 모습 (초록꿈)

모둠의 발표가 끝난 뒤에 주진행자는, 반드시 발표한 내용에 대해 평가하고 피드백을 해 주어야 합니다. 그냥 '참 잘했어요'라고 상투적인 평가를 해서는 안 된다. 워크북에 정리한 내용을 발표할 때, 주진행자는, 학생들의 발표 내용을 귀담아 듣고 메모를 해 놓았다가, 구체적인 사항을 하나씩 언급하면서 공감과 지지가 담긴 평가를 해 주어야 합니다.

"비파농부 선생님이 첫 번째 모둠의 발표를 들어보니, 선별 기준을 아주 구체적으로 작성해서 놀랐어요. 5가지 선별 기준을 설정해서 워크북에 기록하고, 5가지 기준을 적용해서 비파열매를 선별했네요. 훌륭한 선별이었어요. 수고하였습니다."와 같이 구체적인 사항을 언급하면서 긍정적인 평가를 해 주어야 합니다.

결국 학생들은 비파농부로부터 자신들의 워크북 활동 결과에 대한 긍정적인 평가와 피드백을 받고 싶기 때문입니다. 막연하고 상투적인 칭찬보다는, 구체적인 평가를 해 주었을 때, 학생들은 워크북 활용 결과에 대한 보상을 받는 것이면서 동시에 주진행자를 전문가로 인정하게 됩니다. 아시겠죠?

네, 잘 알겠습니다. 워크북 활용 체험활동이 모두 끝난 뒤에는 반드시 발표와 평가를 해라. 학생들의 발표 내용을 잘 듣고, 구체적인 사항을 말하면서 긍정적인 평가를 해 줘라. 아주 좋은 평가법을 배웠네요. 다음부터 저도 학생들 대상으로 체험프로그램 진행할 때 발표와 평가를 배운 대로 해 보겠습니다.

워크북을 활용한 체험프로그램 운영은 보통 학생들을 대상으로 하는 체험농장이나 교육농장에서 접근하는 것이 가장 효율적이지만, 성인들을 대상으로 하는 치유농장에서도 생각보다 좋은 효과와 반응을 얻을 수 있습니다. 물론 성인이나 노년층 치유고객의 눈높이에 적합한 워크북을 개발해서 활용해야 합니다.

체험농장과 체험프로그램, 어떻게 준비하고 운영할 것인가

체험프로그램을
운영하고 난 뒤,
무엇을 해야 하나요?

4 체험프로그램을 운영하고 난 뒤, 무엇을 해야 하나요?

체험프로그램을 운영하고 난 뒤에는 무엇을 해야 하나요? 체험프로그램 운영이 끝났으니까. 쉬면서 농사 열심히 하면 되는 것 아닌가요?

체험프로그램을 운영하고 난 뒤에 당연히 쉬어야죠. 그렇지만, 마냥 쉬기만 해서는 안 됩니다.

체험프로그램을 종결하고 난 뒤에는 크게 3가지를 해야 합니다. 첫째, 체험프로그램의 결과물을 정리하고 사후 관리를 해야 합니다. 둘째, 체험프로그램 운영결과를 검토해서 체험프로그램을 수정하고 보완해야 합니다. 셋째, 체험결과물을 활용하여 홍보마케팅을 해야 합니다. 적어도 체험이 끝난 뒤, 2일 이내로 이 3가지를 해야 합니다.

체험 끝나도 쉴 수 없네요. 체험객 보내면 조금 쉴 수 있는 줄 알았는데……. 3가지를 해야 하고, 또 2일 이내에 해야 한다니, 어렵네요, 어려워.

그렇게 어려운 일이 아닙니다. 누구나 공감하는 필수적인 뒷정리 과정이죠.

첫째, 체험프로그램이 끝나고, 체험객들이 작성해 준 소감문을 모아서 정리하는 일입니다. 소감문을 그냥 버리면 너무 아깝죠. 우리 체험농장이나 교육농장 그리고 치유농장의 산 역사이니까요. 사진을 찍어두고 바인더에 넣어서 정리하거나, 아니면 묶어서 소책자로 만들어도 좋습니다. 실내체험장에 게시판이 있다면, 게시판에 전시해도 됩니다.

그리고 체험객들의 사진은 노트북 컴퓨터에 옮겨서 '체험프로그램 운영사진'이라는 폴더에 정리를 해 주면 됩니다. 혹시 단체나 개인이 체험프로그램에 참여한 사진을 요청하면 메일로 보내주면 됩니다.

결과물 사진 기록
(고성보리수농장)

활동지 및 소감문 정리 예

230707-올리브한살이-OO초4학년

체험프로그램 운영
사진 폴더 정리 예

둘째, 소감문을 읽어 보면, 체험프로그램에서 수정하고 보완할 사항이 나옵니다. 체험객들이 어떤 체험은 너무 지루하니 빨리 진행해 달라고 할 수도 있고, 또 어떤 체험활동은 너무 짧아서 아쉽다고 할 수도 있습니다. 체험객들의 소감문이야말로 체험농장이나 교육농장 그리고 치유농장의 체험프로그램에 대한 객관적이면서도 종합적인 평가입니다. 소감문에 나오는 내용을 반영해서 체험프로그램을 수정하거나, 보완하는 일을 즉시 해야 합니다. 왜냐하면 소감문의 전체적인 평가 내용을 반영해서 체험프로그램을 즉시 수정하고 보완하지 않으면, 나중에는 수정하고 보완할 사항이 무엇인지 잊어버리게 되고 말거든요.

맞아요, 박사님. 소감문을 읽어 보았을 때는, '아 이걸 고쳐야 하는구나'라고 느끼는데, 일하다 보면, '뭐였지?'라고 생각이 안 날 때가 많습니다. 즉시 체험프로그램을 즉시 수정하고 보완해야 하는군요. 그래서 2일 이내에 해야 한다는 거군요. 까맣게 잊어버릴 수 있으니까.

4.3 고객관리와 홍보마케팅

세 번째는, 체험프로그램의 결과물과 운영 사진을 홍보마케팅에 활용하는 겁니다. 쉽게 말해서 소감문이나 잘 나온 사진을 블로그 또는 SNS에 올리고, 전체적인 체험프로그램의 진행 내용과 반응을 작성해서 업데이트하는 겁니다. 체험농장이나 교육농장 그리고 치유농장에 왔다 간 고객들은 방문했던 농장의 블로그나 SNS에서 본인들이 참여한 체험프로그램에 대한 후기를 보고 싶거든요.

또 이렇게 블로그나 SNS에 올린 글과 사진은 홍보마케팅용으로도 아주 좋습니다. 다른 단체나 고객들이 체험프로그램에 대한 후기를 보고, 예약을 신청하는 경우가 많습니다. 홍보마케팅은 이렇게 하는 겁니다. 홍보마케팅을 위한 콘텐츠를 농업인들이 개발하는 것은 아주 어렵고, 전문가에게 맡기면 비용도 많이 듭니다. 그러나, 체험프로그램을 운영하고 난 뒤의 내용과 사진 그리고 인상적인 소감문 한두 줄을 블로그 또는 SNS에 올리면, 훌륭한 홍보마케팅 콘텐츠가 됩니다.

블로그 활용 예 (초록꿈)

이렇게 체험프로그램을 운영하고 난 뒤에, 꾸준하게 블로그 또는 SNS에 체험프로그램 운영 후기를 올리고 계속해서 업데이트하면, 방문하였던 고객들도 댓글을 달아줍니다. 또 이러한 댓글 달기의 내용을 보고, 많은 사람들이 체험농장이나 교육농장 그리고 치유농장의 품질이 우수하고 관리가 잘 되고 있다고 평가해서 체험 예약으로 이어지거든요. 꾸준하게 댓글을 달고 체험결과사진을 올리는 업데이트는 자연스럽게 체험농장이나 교육농장 그리고 치유농장의 홍보마케팅을 수행하게 됩니다.

이제 체험프로그램 운영을 끝낸 뒤, 3가지를 2일 이내에 해야 하는지에 대해 제가 왜 강조하였는지 이해되죠?

네, 박사님. 이해됩니다. 정확하게 이해했습니다. 체험농장이나 교육농장 그리고 치유농장에 대한 홍보를 그렇게 하는군요. 아주 기본적인 사항이었는데, 저희가 놓쳤습니다. 블로그 관리 교육에서도 강사님이 체험 끝나면 사진이나 소감을 블로그에 올려서, 블로그를 계속해서 관리하고 업데이트하라고 했었거든요. 그 말이 이 말이었군요. 앞으로 체험프로그램 끝내고 나서, 꼭 체험사진과 소감을 블로그나 SNS에 올려서 우리 농장을 홍보하고 마케팅하겠습니다.

체험프로그램 운영을 끝내고 나서 해야 할 3가지!

1. 체험프로그램이 끝나고, 체험객들이 작성해 준 소감문을 모아서 정리하라.
2. 소감문에 나오는 내용을 반영해서 체험프로그램을 수정하고, 보완하라.
3. 체험프로그램의 결과물과 운영 사진을 홍보마케팅에 활용하라.

체험농장과 체험프로그램,
어떻게 준비하고 운영할 것인가

발 행 일	2025년 2월 24일
지 은 이	김남돈 박사(교육농장발전소 대표이사)
편 집 디 자 인	고은정(제주시 초록꿈 대표)
펴 낸 곳	(주)교육농장발전소
주 소	경상남도 진주시 에나로 146 라온프라이빗 시티 1407호
전 화	010-8765-5569
발 행 처	도서출판 곰단지
출 판 등 록	2020년 12월 23일 제 2020-000020 호
주 소	경상남도 진주시 동부로 169번길 12 윙스타워 A동 1007호
전 화	070-7677-1622
F A X	070-7610-2323
전 자 우 편	gomdanjee@daum.net
I S B N	979-11-89773-85-4 93520

· 이 매뉴얼은, 농촌진흥청 농업과학원의 '아열대작물 활용 거제형 체험관광 상품화 기술개발'
  연구개발과제에 참여한 ㈜교육농장발전소의 연구결과물을 바탕으로 재집필하고 편집하여
  제작한 결과물입니다.